JN037741

人物でよみとく物理

監修　**藤嶋昭**（東京理科大学 栄誉教授・光触媒国際研究センター長）

著　**田中幸**（晃華学園中学校高等学校 教員）

結城千代子（上智大学理工学部 非常勤講師）

朝日新聞出版

「人物」でよみとく科学の歴史

　最近の科学技術の発展には素晴らしいものがあります。今では世界のどこかで見いだされた新しい現象が一瞬のうちに世界中に知れ渡る時代になりました。

　一方でまだまだわからない現象も多く残されています。

　地球の歴史は46億年といわれていますが、人類が誕生したのはわずか二十数万年前です。地球の歴史に照らして考えると、人類誕生はつい最近のことといえるでしょう。そしてエジプト、ギリシャ、中国などで文明が盛んになってから1万年ほどが経ちました。この500年、300年あるいはこの100年間における科学技術の発展は目を見張るものがあります。

　このシリーズは物理、化学、生物、数学、天文などの大きな分野ごとに、特に人物がかかわる観点から各分野の研究の流れや発展をまとめようと試みるものです。

　各分野では重要なテーマを15項目程度取り上げてみました。そして、各項目ごとにその分野において特に貢献した人物を3人ずつ選び、その人物の研究成果やもたらした波及効果をわかりやすく解説するように努めました。

　研究の流れを理解できると、各研究者の発想力のすごさや得られた成果の重要さがわかります。そして、先人の努力のおかげで今の科学技術の発展があることがよく理解できるのではないでしょうか。

　本シリーズが、皆さまのお役に立てればと思いつつ編集をしております。

　広く読んでいただけたら幸いです。

編集者を代表して

藤嶋　昭

目　次

まえがき

　現代の科学は、身の回りの様々な現象をはじめとして、地球を含む宇宙の成り立ちから終焉まで、広く説明することができるようになりました。科学と一口にいう時と、物理、化学、生物、地学にわけて扱う時がありますが、本来、4つの分野に境目はありません。そのいずれもが世界を説明するための探究であり知恵でもあります。

　大昔は、科学という枠組みすらありませんでしたが、考えたり、調べたり、工夫して作ったり、人類はただ生きる以上に多くのことを試みるようになりました。身の回りを観察して、あらゆることに不思議を感じ、その関わりや理由、成り立ちやこの先の予測などを追究しようとする人々が、世界には多くいたのです。

　やがて科学は「実験」という、いつでも、どこでも、誰でもできる検証を根拠として、打ち立てられた考え方となっていきます。検証とは確かめることです。検証可能とか、実験の再現性といった言葉を聞いたことがあったら、まさにそれが科学の重要性です。先人と同じ実験を行えば、その考えをたどることができるというわけです。そして、実験の再現は、必ず次の発展につながりました。

　科学の中でも、世界の成り立ちを最も基本的な部分にまで解体して扱うのが物理学です。物理学では、例えば、物の動き、構造、温度変化、音や光、電気や磁気など、身の回りのあらゆるものに共通する基本的な規則や関係を見いだします。解明したいことがあれば、仮説を立て、予測し、「実験」を行い、結果から法則性を見いだす、この方法は、物理学から発展しました。また、物理学は、世界を描く根本的な法則を数式で表現することも特徴です。

ところで、現在の最先端の物理学では、クォークをはじめとする素粒子や、ビッグバン、ブラックホールなどの宇宙に関する研究が盛んです。現代の物理学から見たら、重力の発見や、電気の正体の解明など、ただの古いお話で、そこに至るまでの足跡を追いかけることは、ロマンチシズムや歴史の勉強であって、科学の勉強には役に立たないと思ってはいませんか。いいえ、とんでもありません。昔の科学者の考えを知ることは、現代に生きる私たちの役に立つと、はっきり言えます。

　例えば、現代では否定されている古代ギリシャのアリストテレスの考えは、現代人もごく普通に持つ発想です。それがどのように否定されていったかを知ることはとても重要です。さらに、日本では、関ケ原の戦いの時代に生きたガリレオと、それ以降の科学者たちの考えは、今も全く色あせることがありません。物理学は、アリストテレスの考えにはなかった「実験」を通して、多くの科学者の納得を経て積み上げられてきた学問だからです。その積み上げられた過程をたどることもまた、大切なことです。

　この本で大事なのは、その人がどんなことを発見したか、発明したかだけではなく、どのように考えたかである、そう思って読んでいただきたいのです。アインシュタインは「思考とは、それ自体が目的である」と言っています。物理は「考える」にはかっこうの題材を提供してくれる学問分野といえるでしょう。この本がみなさんにとって「考える」きっかけになれば幸いです。

—— 田中幸、結城千代子

1 力学その1（運動）

アリストテレス
（前384-前322年）

現象をよく見て、運動の説明を考えた

ガリレオ
（1564-1642年）

実験を重視し「落下速度は質量によらない」ことを発見

デカルト
（1596-1650年）

数学を武器に「運動力学」を説明

「運動」理論の起こりは紀元前

力学の歴史をひも解いてみましょう。人々は、太古の昔から世界各地で天体や自然、身の回りの物の形や動きを観察し、その成り立ちや法則性を考えてきました。古代エジプトや中国、インドなどの文明圏では、そのような知識をもとに現代でも感心するような高度な技術を実現していたと思われます。紀元前776年に催された第1回のオリンピアの競技では、条件を決めて何を比べるかということが考えられ、初めて速さを比べる方法が登場したといえるでしょう。後の「運動力学」の曙です。

古代ギリシャにおいては、哲学者のタレス（前625頃-前547年頃）が、「すべての出来事には理由がある」として、様々な現象に、根拠のない神話などに頼らない説明をしようと試みました。続く**アリストテレス**は「物理現象の観察はそれらをつかさどる自然法則の発見につながる」という自身の言葉通り、身の回りの現象を注意深く観察して大著を残しています。また、浮力で有名なアルキメデス（前287-前212年）は液体に関する力と運動を追究しました。

そんなギリシャの知識は、いったんアラビアに吸収され、再びイタリアからヨーロッパへと戻ってくることになります。『モナ・リザ』のほほえみの絵で有名なレオナルド・ダ・ヴィンチ（1452-1519年）は、摩擦の研究に関して大きな功績を残しました。

そして、16世紀後半になって、アリストテレスの力学観を覆すことになる**ガリレオ**の登場となります。ガリレオは実験で確かめ、数学的に運動力学を記述しようとした点から近代科学の父と呼ばれています。

17世紀に活躍した**デカルト**は、近代哲学の父とされ、**数学**や、数学的に取り扱われた力学の法則こそが自然界を構築する基本法則であるとして、新たな世界の見方を構築しました。

アリストテレス

アリストテレス（前384−前322年）／ギリシャ

　古代ギリシャのプラトン（前428頃−前347年）の弟子の哲学者で、論理学、政治学、自然科学、詩学、演劇学など、あらゆる範囲の思索を残しています。後世に多大な影響を与え「万学の祖」と呼ばれました。地上にあるすべての物体は「火」「風（空気）」「水」「地（土）」という4つの元素からできていると考えました。

現象をよく見て「運動」の説明を考えた

物の元になる「元素」は4つ？

　アリストテレスは、身の回りの現象をつぶさに観察し、様々な角度から非常に深い考察を残しました。アリストテレスが残した知識体系は多くの分野におよび、中世の終わりまで学問全体を支配したといっても過言ではありません。

　ここでは、アリストテレスが運動において発見したことを、背景の思想から見ていきます。

　古代ギリシャの時代、アリストテレスを含む哲学者たちは、様々な物体には共通する「元（もと）」があると考えました。

　なるほど、私たちの身の回りには実に様々なものがあります。ギリシャの哲学者は、この様々な物体に共通する「元」を万物の根源的な要素と考えました。それが今日の「元素」です。

　元素とはなにか、という問いに対してタレスは水であると考えました。ヘラクレイトス（前500頃−不明）は、火であるとしました。

　アリストテレスは四元素説（火、風〈空気〉、水、地〈土〉）をとなえ、それをもとに、それぞれの元素が本質的にある場所を考えました。例えば、すべての元素の中心に重さのある「地」を考え、「風」はそれより軽く、「地」や「水」の上にある、といったようにです。そして、ある元素を含む物体は、その元素が本来ある場所に戻ろうとする動きをすると考えたのです。

こぼれ話

「地球の自転」を否定したアリストテレス

　アリストテレスは、今日では当たり前の「地球の自転」を否定していました。もし地球が回っているとしたら、上から落下する物は真下に落ちるのではなく、落下中に地球が回った分だけ離れたところに落ちるはずだと考えたのです。つまり、船の上で高く飛び上がったら、空中にいる間に船が動いて取り残され海に落ちてしまう（右図）というわけです。しかし実際に

本当にこうなる？
答えはp.12、13

は、物体は必ず真下に落ちる、ゆえに地球は静止していると主張しました。

元素が物を動かしている？

　例えば、「火」は上、「地」は下であるから、「火」を含む炎や煙が上に昇り、「地」を含む石は地面に落ちることの説明としました。天体は別の世界で「第5の元素」でできているとし、第五の元素の自然な運動は円運動であるから、天体は地球の周りを落下せずに回ると理由付けました。

　アリストテレスの考えた説明はとても合理的で、日常見かける現象にとてもよく合致していました。例えば、重い石と羽毛を同時に落下させると、石はまっすぐ落ち、羽毛はひらひらとゆっくり落ちていきます。これは、重い物ほど「地」の元素を多く含んでいるため、地に戻ろうとする傾向が強く、早く落ちるというのです。

　そして、物体の落下の際の速さは、その重さに比例すると考えました。

外力（がいりょく）が生み出す動きの場合

　さらに、上記の元素に由来した物体固有の自然の運動のほかに、「外力（がいりょく）によって起こされる強制的な運動」も考えました。例えば、大きな荷物を押すと動くといったような、**接触力**（外力のひとつ）が引き起こす運動です。このような運動は、押すのをやめると止まります。そのため、アリストテレスは静止こそが物体の自然な状態であると考えました。

　そして、空中を飛ぶ石など、外力がかかっていないように見える動きに関しては、投げた時の腕の運動によって空気が石の後ろに回り込むことで石を押す、といった目に見えにくい接触力で半ば強引に説明しようとしました。

　これは、現代では違う考え方をしており、次の図でアリストテレスと現代の考え方の違いを示しています。

アリストテレスの考えでは、高いところから重いものと軽いものを落とすと、軽いものが後から落ちます。現在では、質量にかかわらず同時に落ち、違いは空気抵抗のせいであるとわかっています

押して動かしたものは、手を離すと止まります。これも現在では摩擦の力により止まるのであって、何の力も働かなければ動いている物は、そのまま等速で動くことがわかっています

(((波及効果)))

　前述したように、アリストテレスが残した知識体系は大変深く考察されあらゆるものに言及していたため、その後の学問全般に多大な影響を与えました。特に、13世紀のヨーロッパにおいて神学に取り入れられ、教会の権威を裏付ける役割も担い、結果として中世以降の科学の進歩の足かせになってしまった面もあります。

イタリアの画家ラファエロ・サンティによる「アテナイの学堂」。アリストテレスなど、古代ギリシャ哲学者の多くが描かれているとされています。現在、ヴァチカン宮殿内「署名の間」で見ることができます

ガリレオ

ガリレオ・ガリレイ（1564－1642年）／イタリア

イタリアのピサで生まれた物理学者、天文学者。父は音楽家で音響学の研究で知られており、ガリレオの数学的な手法の利用は父の影響です。望遠鏡を作成して天体観測を行い、発見を『星界の報告』という本にしました。地動説の提唱者で、宗教裁判にかけられ晩年は不遇でした。

実験を重視し「落下速度は質量によらない」ことを発見

「いきおい」で飛んでいるのか？

アリストテレスの説明のうち、空中を飛ぶ石が飛び続ける理由は、後ろから空気が押すからである（p.11）というものは、後の人々にはどうも納得がいかなかったようです。

14世紀になると「いきおい（インペタス理論）」が登場、手から「いきおい」というものが物体に入って飛び続けると考えられました。しかし、それが空気抵抗などで減っていくことによって、飛ぶスピードが落ちるのはいいとして、一方で、落下速度は増していくため、理論は複雑化しました。このような、投げ出された物体の飛翔に関する説明の難しさが、結果としてガリレオの運動の理解につながっていきました。

斜面での落下実験

ガリレオは、落下速度が増していく点に着目し、ある仮説を立てます。「物体が一定の加速を受けるなら、完全になめらかな斜面を転がり落ちる球も、自由落下よりは小さいが一定の加速を受ける」というものです。仮説を証明するために実験を繰り返しました。

ガリレオは、水時計で時間を計りながら、なめらかな斜面に球を転がします。斜面の角度を変え、1角度に100回くらい実験し、どの場合も落下距離と経過時間の2乗の比が一定であるという関係を見いだしました。また、この時、質量は落下速度に影響しないことも発見し、アリストテレスが唱えた「重い物ほど早く落ちる」という考えを否定しました。

さらに、球を転がす際、下り坂では加速し、上り坂では減速することから、加速や減速のない水平面では、空気抵抗や摩擦力が働かなければ、加速も減速もしない、つまり等速なのではないかとも考えました。

これはガリレオの思考実験であり、アリストテレスが述べた「物体の自然な状態は静止」という考え方を脱し、「等速直線運動」という考えを確立したのです。

実験科学の幕開け

ガリレオが言うように、力が働かない限り等速直線運動であるとするならば、船の上でジャンプしても甲板の元いた場所に着地することの説明ができます。

船から上に飛び上がることで、船からの力は働かなくなりますが、飛び上がる瞬間に持っていた船と同じ方向、同じ速さの動きはそのままに、人は等速直線運動を続けます。

人は単に上に飛び上がっただけのつもりですが、離れたところで見ている人にとっては、その人は船と同方向に放物運動をしていることになり、次の図のようにちゃんと甲板の上に飛び降りることができるのです。

本当はこうなる！
(p.10「こぼれ話」の答え)

地上と天界は別の世界？

これらの成果は、晩年に『新科学対話』として
まとめられました。ガリレオは、力学の重要な法
則を見いだした一方で、これらの法則は地上の物
体にだけあてはまると考えていました。天体の観
察から地動説に至ったガリレオですが、天体は異
なる節理でできている、というギリシャの思想を
その点だけは受け継いでいたわけです。この境界
線を打破したのが次に登場するデカルトです。

『新科学対話』はタイトルの通り、ガリレオの代
弁者とアリストテレス的考えの反対者、中立的立
場の3人の「対話」形式で議論がなされます。

ガリレオ・ガリレイ『プトレマイオス及びコペルニクスの
世界二大体系についての対話』の初版（フィレンツェ、
1632年。コペルニクスが唱えた地動説を支持し、一般に
広く知らしめたのがガリレオの書いたこの一冊。本の扉絵
には、左端にアリストテレスが、中央にプトレマイオスが、
右端にコペルニクスが描かれています。金沢工業大学ライ
ブラリーセンター所蔵

(((波及効果)))

ガリレオは、現象をつかさどる法則は実
験によって検討される、という実験重視の
近代科学の手法を確立しました。同時に、
まずは仮説を立てて、数学的な演繹法を用
いて期待される予想を求めてから実験を
行っています。また、哲学的思索の延長線
上にある思考実験という手法を活用し、実
験で試すことのできない真理に近づきまし
た。この研究の方法は、続く科学者たちに
受け継がれていきます。

こぼれ話

ガリレオとピサの斜塔

ガリレオの有名な発見のひとつに、振り
子の等時性があります。これは、重りの振
れ幅に関わりなく振り子が往復する時間は
変わらない、というもので、イタリアのピ
サ大学の学生の時、教会の天井から吊るさ
れたランプの揺れを見ていて気付いたとい
う逸話が伝わっています。

発見の過程の真偽は疑わしいのですが、
現在も、ピサ大聖堂の隣の墓所回廊内にそ
の時のランプといわれるものが保存されて
います。隣には、傾いた鐘塔であるピサの
斜塔を見ることができます。

ピサの斜塔

デカルト

ルネ・デカルト（1596−1650年）／フランス

数学を得意とし、当時の典型的な学問から離れ、オランダで軍に身を投じます。その後も、旅先で多くの科学哲学者と交わり思索を深め、最終的にオランダに移住。晩年には、スウェーデン女王の招きで、講義のためにストックホルムに赴き、そこで体調を崩し没しました。機械論的自然観と方法的懐疑を掲げ、近代哲学の父と呼ばれています。

数学を武器に「運動力学」を説明

力学こそ自然界を貫く基本法則？

デカルトは、数学が世界を描く学問であると考えていました。そして、数学的に取り扱われた力学の法則こそが、自然界を構築する基本法則であり、物体はすべてその法則に沿って動いていると考えました。さらに、自然界は数学的に取り扱われた力学の法則がつかさどる一個の機械のようなものであると考えました。

これは、自然を捉える世界観から、アリストテレス以来続いてきていた目的論（それぞれの物体の動きには、それぞれ完成した状態になろうとする目的があると考える）を排除したことになります。「機械論的自然観」と呼ばれ、デカルトのこの考え方が近代科学への枠組みを作ったともいえるでしょう。

実験ではなく思索で解き明かした

デカルトは、光学や力学など広く物理学分野を研究していますが、あくまで綿密な思索家であり、すべてを実験で確かめていこうとする実験物理学者ではありませんでした。ですが、その考え自体は極めて精緻に組み立てられた近代的な内容となっていて、ニュートンら続く科学者の先駆けとして画期的でした。

1644年に刊行された『哲学の諸原理』では、物質と運動の概念を使って、すべての自然現象を説明しようとしています。そこでは、「数学者が量と呼ぶもの」以外の物質は認めないと述べました。これは、現代の考えに通じます。

ギリシャ以来、例えば「物質のもとは、地・水・火・風である」などという考えをもとに物質を捉えていたので、研究対象とした物には現代ではとても物質とは呼べないものも混在していました。デカルトの発言はこれらを捨てることを意味します。とはいえ、デカルトの考えは神の存在を前提にしており、思惟と物質からなる世界観を展開していて、現在の自然科学と完全に一致するわけではありません。しかし、すべての自然現象を例外なく、原子論的な物質論と運動の概念から説明しています。

原子論とは、すべての物質は大きさも質量もある微少な粒子の集まりでできていると考えることです。これは後に大きな影響を与えていきました。ただし、原子論とはいえ、知覚できないほどの微小粒子を考えながら、粒と粒の間にできるはずの何もない空間「真空」の存在は否定しています。現在の原子論は真空の存在が前提です。

数学と力学法則で世界を描く

デカルトは「宇宙は渦巻き状の集合体である」と述べています。これにより惑星の円運動も説明しようとしました。これらの天体の動きを考える前提として、原子論的な微粒子の運動を考え、「慣

性の法則」と「衝突の法則」を提示しています。

　ニュートン（p.32）の慣性の法則ほど明確なものではありませんが、少なくとも星の動きを初めて力学の法則で統一的に説明したのはデカルトでした。

　このように身近な経験の観察を記述することから始まった運動力学は、宇宙までをも統一的に説明でき、かつ数学で記述できる法則の発見という道筋が開けていったのでした。

(((　波及効果　)))

　デカルトの光学や力学の論は、実験と検証を元にした今日の科学ではありません。しかし、その数学的な記述、論理展開は明らかにガリレオ（p.12）、ホイヘンス（p.66）、ニュートン（p.32）、ヤング（p.68）といった、今日科学者と呼ばれる多くの人々の視点に影響を与えました。

こぼれ話

デカルトが「科学者」たり得なかった理由

　32歳からオランダに移住して隠棲生活に入ったデカルトは、そこで方法的懐疑と呼ばれる考えに至りました。「我思う、故に我あり（cogito ergo sum）」という言葉が知られていますが、これは懐疑する自身の精神こそは疑いのない存在であることを意味しています。さらに、デカルトはもうひとつ疑いようのない存在を神であると考えていました。デカルトはキリスト教信仰を持ちながら、世界の真理は宗教に依存するのではなく、理性に基づいて追究するものと考えたのです。これは一見、今の科学に近づいたように見えますが、少し違います。

　ガリレオが近代科学の父と呼ばれながら、デカルトがそう呼ばれないのは、デカルトにとって実験はあくまで思索の下に位置する存在だったからです。デカルトは、実験を重視したガリレオを否定的に評価しています。

　例えば、デカルトの光学は、自身の宇宙論を前提に数学や力学を根底に置きながら、机上で展開された理論です。後のニュートンやホイヘンスが、実験に基づいて検証していった光学現象の解明とは違っています。つまり、デカルトは数学をもとに論理的に思索する哲学者ではありますが、実験と検証という手法に基づく近代の科学者とはいえないのです。

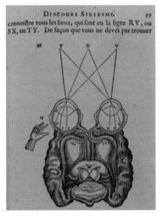

1637年に記されたデカルトの「気象学」「幾何学」「屈折光学」3部作の初版の表紙。この本の序章が、かの有名な「方法序説」です。金沢工業大学ライブラリーセンター所蔵

デカルトが眠る、パリのサン・ジェルマン・デ・プレ教会の外観

物理で扱う「運動」とは？身近な例から考えよう！

身の回りでは、人や動物、物などの物体が、様々な目的で、様々な動きをしています。科学では、物体が動いたり静止したりすることを「運動」として扱います。この時、「物体」と「動き方」に注目します。

運動する物体の速さを求める

突然ですが、マラソン選手とチーターではどちらが速いでしょうか。実は、この問いは答えが出せません。どんな比べ方をするかがはっきりしないからです。例えば10km走るのにかかる時間から考える速さや、トップスピードや、走り出して100m地点での瞬間の速さなど、様々な比べ方があり、それぞれに答えが違ってきます。

速さv〔m/s〕は、移動距離x〔m〕を移動にかかった時間t〔s〕で割ると求められます。走った距離全体をかかった時間で割るのが平均の速さ。区間全体を一定の速さで走ったことと等しくなります。先ほどの例でいうと、10km走った場合の速さがこれにあたります。一方、トップスピードや走り出して100m地点の瞬間の速さを出すには、非常に短い時間を区切り、その間の移動距離を求めて計算します。身近な例では、自動車のスピードメーターが瞬間の速さを表します。

物体の質量と動きの種類

「運動」する「物体」では、まず「質量」に注目します。車も、人も、リンゴも、球も、質量m〔kg〕で考えます。

「動き方」については「静止」「等速度運動」「加速度運動」に区別します。

「静止」は動いていないことです。

「等速度運動」は「等速直線運動」ともいい、等しい速さ、等しい向きで、ずっと直線のまま動いていることです。「加速度運動」は、速さや向きが変わる運動のことです。身の回りの動きの多くは「静止」か「加速度運動」で扱えます。

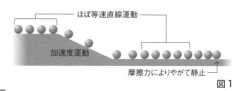

ほぼ等速直線運動

加速度運動

摩擦力によりやがて静止

図1

物体に働く力

地上の物体には必ず「重力」が働いています。

また、多くの場合、押したり引いたりといった「接触して働く力」があります。

物体に働く力を表すには、図2のように力が加わる点を「ひとつの点」で表現し、力が働く方向に「矢印」を伸ばします。

図2

どんな形の物体でも、図3のように重力は物体の中心（重心）から地面に向けて矢印を書きます。空中にあっても物体の上に乗っていても同じように働きます。

重力

図3

「静止」や「動き」の原因になるのが「力」です。ある物体から、別の物体に力が働く時、接触面では、作用する力と反対方向に同じ大きさの「反作用」が生じます。これを**作用反作用の法則**と呼びます。

「静止」&「等速度運動」に働く力

「静止」あるいは「等速度運動」している物体においては、力が全く働いていないか、力が釣り合っています。（地上では物体には必ず重力が働くので、全く力が働いていない物体はありません。そのため、静止している場合、必ず働いている力が釣り合っています）

物理において、「静止」と「等速度運動」は、力が釣り合っている点で同じ状態と考えて差し支えありません。

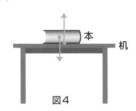

図4

「加速度運動」に働く力

「加速度運動」は、力が働いているか、いくつかの働いている力が釣り合っていない状態です。

運動の向きに力が働いていると、速さはどんどん増していきます。反対に、運動の向きとは逆の方向に力が働くと、速さがどんどん減っていく加速度運動になります。

この時の加速の大きさa〔m/s^2〕と、動いている物体の質量m〔kg〕、加わっている力F〔N〕の間には**運動方程式　$F=ma$　の関係が成立します。**

図5は、床に向かってボールを放った場合の運動の軌跡です。このような、球の加速度運動の場合に働く力は、重力と、床面に触れた時だけ床の抗力が働きます。球が落ちていく時は、運動方向と同じ向きの重力によって速度が増します。球が落ちるにつれて間隔が開いていることから、速度が増していることがわかります。そして、床にぶつかると、床の抗力を受けて運動方向が変わります。球が上昇する時は、運動方向と逆向きに重力が働くので、速度が落ちます。

速さは一定で、一見力が働いていないように見

えながら、進行方向に対して直角に力が加わり進む向きが絶えず変

図5

わる運動も「加速度運動」です。この時、力は「向き」という運動状態を変化させています。図5のようにひもに重りをつけて振り回したり、惑星が太陽を回ったりする円運動はその例です。

慣性の法則

釣り合いを破る力が働かない限り、「静止」や「等速度運動」が続きます。これを慣性の法則と呼びます。車の急ブレーキを踏んだ時に、ちょうど飴をなめていて口が開いていると、図6の上図のように飴が飛び出してしまうことがあります。急ブレーキで車体と車体に取り付けられたシートベルトをしている人は同時に止まりますが、口を開いた状態で止めるものが何もない飴は、そのままのスピードでポーンと飛び出してしまいます。

逆に、車が急発進すると、手に持っているジュースが飛び出して、顔にかかることもあります。こうした、飴やジュースの動きは、慣性の法則によります。

飴玉：運動を続けようとする
進行方向
キーッ　急ブレーキ

ジュース：静止を続けようとする
進行方向
急発進　　図6

力学における「運動」の一貫した法則は、アリストテレスに始まり、ガリレオなど多くの科学者の試行錯誤や、実験を経て明らかになっていきました。そして、最終的にはニュートン（p.32）が、地上の運動と天体世界の運動を統一し、「慣性の法則」、「運動方程式」、「作用反作用の法則」の3法則をプリンキピアにまとめました。

レオナルド・ダ・ヴィンチと摩擦力

摩擦力を発見、記録を残した最初の人

レオナルド・ダ・ヴィンチ（1452-1519年）は、アリストテレスとガリレオの間の時代を生きた偉大な画家です。同時に、発明家であり、建築家であり、優れた科学者でもありました。運動に関わる実験も多く行い、様々な機械のアイデアをスケッチに残しています。その中のいくつかは、描くだけにとどまらず実際に試作したとも伝えられています。

運動に関わる力には、「重力」を皮切りに、接触して働くひもなどに働く「張力」、床が物体を支える「垂直抗力」、「空気抵抗」など、いろいろな名前がついています。中でも、日常生活に大きく関わる力に「摩擦力」があります。足で道を歩けるのも、鉛筆で字が書けるのも、弦楽器の音が鳴るのも摩擦力のたまものです。

レオナルド・ダ・ヴィンチは、この摩擦力に注目し、研究して記録を残した最初の人です。機械を試作した際にも、摩擦力が邪魔をして思うとおりに動かないことがあったかもしれません。「私の機械に摩擦がなかったら……」と思ったかどうかはわかりませんが、彼は、材質が違うと摩擦力の大きさが違うことを見つけると、次々に実験をします。どんな材質が滑りやすく、滑りにくい場合には何が関わっているのかを調べ尽くしました。

その結果、たどり着いた最も根本的な法則は「あらゆる物体は滑らそうとすると摩擦力という抵抗を生ずる」というものでした。さらに「表面がなめらかな平面と平面の間の摩擦の場合、摩擦力の大きさは、その重量の4分の1である」とも述べています。他にも、今日わかっている摩擦力の法則のほとんどを発見していて、実験図は今でも残っています。

レオナルド・ダ・ヴィンチの作品『ウィトルウィウス的人体図』

試してみよう！　ガリレオの実験

ガリレオが、ピサの斜塔で大小2つの金属の玉を落としたというエピソードを聞いたことがあるかもしれません。「重い物も軽い物も空気などの抵抗がなければ同時に地面に落ちる」ことを確かめる実験といわれますが、実際のところこのエピソードは弟子の創作であったと考える研究者が多いようです。

皆さんが行う場合は、自分の背丈ほどの高さで試してみることにしましょう。

例えば、同じ形の重い箱と軽い箱を同時に落としたら、同時に地面に着くでしょうか？実際にやってみると、空気抵抗は無視できないほどに影響してきて、正確に測ると若干の違いが出てきます。

アリストテレスの「重い物は軽い物より速く落ちる」という主張がなかなか否定されなかったのも、身近でふと見かける場面に、重い物が先に落ちると納得させてしまう現象が多かったから仕方がありません。

そこで、1枚の紙と本で、別々に落とす場合と、本の上に紙を重ね、空気抵抗を受けないようにして落とす場合を比べてみてください。

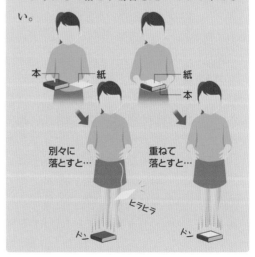

2 大気圧と真空

トリチェリ
(1608–1647年)

「トリチェリの真空」は初めての人工真空

パスカル
(1623–1662年)

「真空」があることを主張、教会から猛反発

ゲーリケ
(1602–1686年)

市民に大公開「マグデブルグの真空実験」

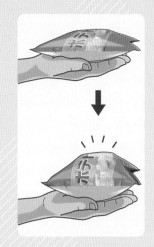

今から2500年以上も昔、空気の存在と**真空**はギリシャの人々の重要な関心事でした。真空とは空気すらない、真に何も存在しない空間のことです。アリストテレスの考えである「空気を吸い出せば、そこはかならず別の何かが即座に埋めてしまって、世の中には真空など存在しない」は、長く信じられました。

時代は下って16世紀になると、後に**大気圧**が原因と解明される現象が、当時のヨーロッパの産業界に大きな影響を与え始めました。列強が世界の覇権をめぐり戦争をしていた時代で、大砲が欠かせない道具だったために、たくさんの金属が必要になり、採掘の坑道が地下深く延びていきました。ところが、困ったことに地下水を排水するための吸引ポンプがおよそ10m（18ヤード）以上は水を引き上げられないことがわかってきたのです。効率的な排水ができないのは鉱山の死活問題です。

吸引ポンプは空気の出入りを利用しますが、様々な角度から多くの人が試行錯誤した過程で、大気の重要性が意識され始めます。同時に、その大気を全く取り除いた真空に関する研究が進み、17世紀になると、真空は存在しないとしたアリストテレスの考えを、**トリチェリ**、**パスカル**、**ゲーリケ**といった科学者達が覆しました。

真空ポンプの開発により、空気を吸い出された入れ物（空気のない空間）が作られ、それが真空である（実際は極低圧）ことを示すための様々な実験が行われました。同時に真空の周りをとりまく大気が、入れ物を押す圧力の大きさもわかってきました。

その結果、ポンプで吸い上げられているように見えた水は、実は地上の大気圧で押し上げられていたことがわかりました。

そのため、押す力である大気圧の大きさ以上には、押し上げることができず、ポンプで水をくみ上げる際の限界があることがわかりました。真空の実在は大気の圧力の証明にもなったのです。

トリチェリ

エヴァンジェリスタ・トリチェリ（1608-1647年）／イタリア

39歳でこの世を去ったトリチェリは、その短い生涯にもかかわらず、水力学、機械学、光学、幾何学、微積分についての多くの業績を残しています。特に、ガリレオの晩年には友人兼秘書として、失明したガリレオに代わり、口述筆記で名著『新科学対話』を完成させました。

「トリチェリの真空」は初めての人工真空

トリチェリの1つ目の実験

トリチェリはガリレオの死後、真空に関する特に重要な3つの実験を行いました。

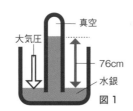

図1

ガラス管に水を満たして実験しようとしましたが、そのためには10mくらいのガラス管が必要です。当時の技術では作れないので、水に比べてはるかに重い液体「水銀」で試してみることにしました。長さ1mくらいのガラス管に水銀を満たし、水銀を張ったトレイに逆さに置きます。すると、図1のようにトリチェリの予想通り、水銀の柱は液面が下がって76cmの高さで止まりました。これは、ガラス管の水銀が、トレイに張った水銀にかかる気圧に押し上げられ、力が釣り合って静止していることを意味しています。また、管上部は空気の出入りがないので真空のはずです。トリチェリは、こうして初めての真空を作りました。

トリチェリの2つ目の実験

2つ目の実験は、水銀の柱が76cmまで下がったガラス管を、図2のように水銀の上に水を張った槽につけます。図3のようにガラス管の口を水の層まで引き上げた時、ガラス管の上の空間が真空

であるならば、76cmは10mよりはずっと低いので、水は管内を上って空間を埋めるはずです。

結果はガラス管の口が水の層に至ったとたん、水に比べて重い水銀は一気に落ち、その代わり水が勢いよく上まで駆け上りました。

さらに、図4のようにガラス管の口を水の上の空気の層まで引き上げると、水が一気に下に落ち、その代わりガラス管の中は空気で満たされました。

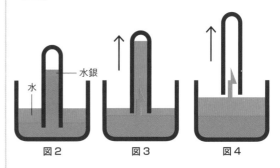

図2　図3　図4

トリチェリの3つ目の実験

この結果、次の2つの意見が対立しました。

「水銀や水は上の空間にできた真空が引き付けているのではないか？」

「いや、周りの水銀槽の表面が大気に押され、その結果、管内に水銀が押し上げられているのだ」

そこで、3つ目の実験では、図5のようにガラス管の形を2種類にして、上部にできる真空の大きさを変えました。真空の力が引き付けるならば、真空の量が変わることで水銀が持ち上がる高さが

変わるはずと考えました。

　結果としては、3つ目の管の実験では水銀は同じ高さで止まりました。そのため、大気に押されて水銀が管内を上っていると結論付けることができ、大気の圧力を測ることができたわけです。

図5

　ところで、トリチェリはこの結果をすぐには発表しませんでした。教会の圧力を恐れたためと伝えられています。ガリレオの裁判を目の当たりにしたトリチェリが慎重になったのも頷けます。

失明したガリレオに代わり、トリチェリが口述筆記した『新科学対話』より。金沢工業大学ライブラリーセンター所蔵

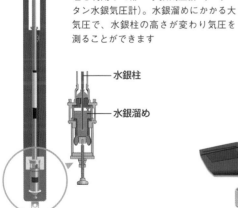

現代でも使われているトリチェリの原理を利用した形の水銀気圧計（フォルタン水銀気圧計）。水銀溜めにかかる大気圧で、水銀柱の高さが変わり気圧を測ることができます

水銀柱

水銀溜め

(((波及効果)))

　この時代まで信じられていた自然界の現象は、アリストテレスの科学的な見方によっています。それによると真空は存在しないものでしたが、トリチェリの真空はその世界観を実験により覆しました。真空の発見を記念して、後にトリチェリの名前は真空度の単位Torr（トール）に使われるようになりました。

こぼれ話

同時代の科学者との交流

　トリチェリの死後68年が経った1715年、フィレンツェでトリチェリの講演や実験報告、手紙などを収集して一冊にまとめた本『学術的講義』が出版されました。そこには気圧計の実験を報じた書簡もあります。トリチェリがその短い生涯において関わりのあった人々は多様で、同時代にイタリアの科学界にいた科学者のネットワークが手紙のやりとりからよくわかります。

『学術的講義』には、アカデミア・デル・チメントの準会員リッチや、ガリレオに宛てた書簡もあります

1896年にイタリアで考案され、後にロシアで今日の実用化がなされた水銀血圧計は最近まで医療現場で活用されていました。大気圧を測るように、血圧による水銀柱の高さの変化で測定しています。今は、危険な水銀の利用を避けるため、電子式への転換が進んでいます

パスカル

ブレーズ・パスカル（1623−1662年）／フランス

　哲学者パスカルは39年の短い生涯で多岐にわたる業績を残しました。数学ではパスカルの三角形やパスカルの定理、確率論、科学では真空の研究や流体におけるパスカルの原理が知られ、圧力の単位パスカル〔Pa〕として残っています。後年は神学や瞑想にふけり、「人間は考える葦である」で有名な遺稿集「パンセ」を残しています。

「真空」があることを主張、教会から猛反発

真空に関する新実験

　パスカルは、トリチェリの実験を聞くとすぐに自分も試し、水銀に加え、**アルコール**なども用いて、いろいろな形状のガラス管で結果を確認し、1647年、20代前半で『真空に関する新実験』という冊子をまとめました。

　そこでは「真空」があることを言い切ったため、教会から猛反発を受けます。教会は「自然は真空を嫌う」というアリストテレスの考えを正しいとしていたためです。

　パスカルが行ったガラス管に水銀を満たして水銀槽中に立てる「真空中の真空」と呼ばれている実験では、図のように大気圧がかかって押し上げられている水銀部分と、そうでない部分の**平衡状態**を対照していて、後の流体に関するパスカルの原理への発展を予感させます。

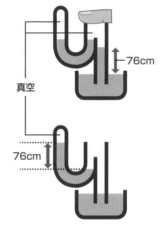

図1
管に水銀をいっぱいにして手で押さえ、水銀槽に逆にして立てる。大気圧は水銀槽の面のみを押している

図2
押さえていた手をはなす。大気圧は、管の開口部から左側のU字管の液面を押すようになる

※現在は水銀に直接手で触れるような実験は危険なので行いません

こぼれ話

　パスカルが生まれた街、クレルモンフェランには休火山の山々があり、最高峰がピュイ・ド・ドーム（標高1464m）です。フランスのタイヤ産業の中心地でタイヤ会社ミシュランの本社があります。タイヤは空気をたくさん入れて圧力を高め、弾性力を利用した車輪ですから、当然その空気圧の単位にはパスカル〔Pa〕が用いられています。

クレルモンフェランの「パスカル通り」の石畳みの道に埋め込まれたパスカルのメダル

水銀柱と大気圧の関係

なぜ、水銀槽に立てた管内の水銀柱が一定の高さで静止するのか、を示す実験が不足していると感じたパスカルは、標高の異なる場所で水銀柱に高さの違いが出れば、水銀を押し上げる大気の圧力が原因であると示せると考えました。

高度と水銀柱の高さ

とはいっても自分は病弱だったので、義兄のペリエに頼んで、ピュイ・ド・ドーム山の麓から頂上までトリチェリの装置で水銀柱の高さを測定してもらいました。**高度**が上がるにつれ、水銀柱はわずかに低くなり、押さえる大気の厚さが減って圧力が少なくなったことの証拠を得られたのです。

そうして、水銀槽に逆さに置いたガラス管の水銀柱が一定の高さで止まり流れ出ないのは、大気の重さによる圧力に原因があると断定しました。

かつて真空実験が行われたピュイ・ド・ドーム山近辺の現代の風景

パスカルの著書『パンセ』の表紙

(((**波及効果**)))

パスカルの原理と油圧ブレーキ

パスカルにとって、科学の実験研究は一時期の興味の対象であったのかもしれませんが、彼が見いだした流体における「パスカルの原理」は、現在でも重要です。密閉容器の流体のどこかに圧力を加えると、容器の形によらず、全体に同じ強さの圧力が伝わるというもので、この原理を利用すると、油圧ブレーキのように、小さな力で大きな力を得られます。

車は、片足で軽くブレーキを踏むだけで簡単に重い車体を止めることができます。ブレーキから細い管を通して車輪を止めるためのシリンダーまで、液体を満たすことで、ブレーキを踏むことでかけられた圧力（油圧）を制動装置にまで伝えるのです。ブレーキを踏むところがどんなに狭い面積でも、加わった圧力はそのまま全体に伝わり、タイヤの回転面を押さえる面積すべてに同じ圧力をかけることができるのです。クレーンなどのアーム、重い扉の開閉を制御するドアクローザーといったところでも油圧は活躍しています。

ブレーキのイメージ図

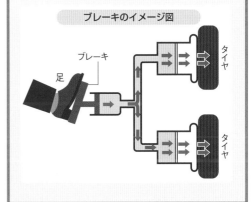

ゲーリケ

オットー・フォン・ゲーリケ(1602−1686年)／ドイツ

ゲーリケはドイツ、ザクセン・アンハルト州の州都マグデブルグの市長の家に生まれ84歳の長寿を全うしています。大学では、法律や物理学、数学も学び、技術者、物理学者、政治家でもありました。30年に及ぶ戦争で荒れ果てたマグデブルグ市の市長として、復興や政治の建て直しに尽力した後に、真空を得る研究を始めました。

市民に大公開「マグデブルグの真空実験」

手動真空ポンプを作る

ゲーリケは、トリチェリとパスカルとは違った手法で真空を作り出す研究を行いました。

ゲーリケは、容器内から空気を抜いて真空を作るために、まず空気を抜く手動ポンプを作りました。ビール樽で実験し、真空を作ろうとしましたが、隙間をうまくふさぐことができず、失敗してしまいます。

次に、ビール樽を2重にしてその間に水を入れるという工夫をしましたが、これもうまくいきませんでした。ゲーリケは木の樽はあきらめ、はるかに密閉性の高い銅の半球を使うことにしました。そして、あの有名なマグデブルグの「半球の実験」に至ったわけです。

こぼれ話

3人の科学者、寿命の違い

ドイツで生まれたゲーリケは、1602年に生まれ84歳まで健在で活躍できました。

一方、ゲーリケから6年遅れて、1608年にイタリアで生まれたトリチェリは39歳の若さで亡くなりました。ともに秋に生まれていますから、ヨーロッパの寒々とした木々の落葉の中で生まれ、間もなく訪れた寒い冬を乗り越えて、無事育った子どもです。当時は夭逝する子どもがとても多い時代でした。とはいえ、トリチェ

リはまだまだ活躍できる年齢で惜しまれて逝ってしまいました。

ゲーリケから21年後、1623年の美しい6月の季節に、フランスでパスカルが生まれています。しかし、彼も39歳という若さでこの世を去りました。

イタリア、フランスと国は違いましたが、トリチェリ、パスカルともわずか39歳という生涯の中で、科学史に残る多くの貴重な発見を残して逝ったのです。

1602年　1608年　　　1623年

トリチェリ　39歳

パスカル　39歳

ゲーリケ　84歳

マグデブルグの「半球の実験」

ドイツ皇帝の前で行った真空実験で、まず、直径40cmもある2つの銅製の半球を、ぴったり合わせて、手動ポンプで空気を抜いて内部を真空にしました。そうすると2つの球はぴったりと張り付いて離れなくなります。くっついた2つの半球を、両側から16頭の馬で引いてみせましたが、離れなかったといいます。大気が半球全体を包んで押しており、一方で中は真空なので押し返す力がないため、くっついて離れないのです。

この実験により大気の圧力の存在、圧力の大きさ、圧力のかかる向きが証明されました。

大々的に公開されたマグデブルグの真空実験は、人々の度肝を抜いたことでしょう。これはざっと見積もって1トン以上の力にあたります。そして、再び空気を入れると球は簡単に離れました。

ゲーリケのその他の研究

ゲーリケは、真空の実験だけではなく、硫黄でできた球をこすって**静電気**を起こす機械も作り、**摩擦電気**について多くの発見をしました。**気圧計**や天気の予測も行っています。

(((波及効果)))

ゲーリケの大々的な公開実験は、人々に真空への興味をかきたてました。書簡にして成果を出版したことは、広く当時の研究者を鼓舞する要因となりました。ボイル（p.58）やホイヘンス（p.66）は大きな影響を受けています。また、**気圧計**を考案して天気予測を試みるなど、科学的な**気象観測**、予報の萌芽が見られます。一方で、静電気の研究では放電の観察を成功させ、現代の電磁気学につながる結果を残しました。

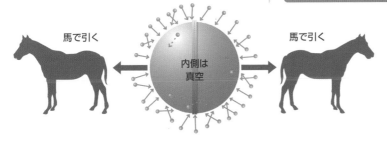

馬で引く　　　内側は真空　　　馬で引く

半球の中には、わずかに残った空気分子が飛び交います。一方、外側には、はるかに多い空気分子が飛び交い、球全体を押しています

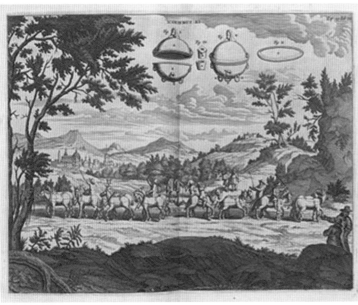

マグデブルグの半球の実験の図。図の中央に、2つの半球を合わせたものがあり、その両側の馬たちはそれぞれ左と右に逆方向に球の端を引き、ひきはがそうとしているところ。図の右上に球の半分ずつの形、2つをつけた状態、間のパッキンなどが描かれています

「圧力」って何だろう？身近な例から考えよう！

物体に別の物体から力が加わる時、接する面積の大きさで力の大きさが変わります。同じ体重の人でもハイヒールを履いたかかとと、平らなスニーカーの底とでは地面に加わる力が違います。

圧力とは何か

削った鉛筆を親指と人差し指ではさんで持つと、圧力の大きさの違いでとがった方が痛く感じます。**圧力〔Pa〕＝面を垂直に押す力〔N〕÷力が働く面積〔m²〕**で表せます。

雪道でかんじきを履いたり、重いピアノの足の下に平らな台があるのも、圧力を小さくして、接触面のへこみを少なくするためです。とがっていることで圧力を効率的に使っている物には、フォークや画びょう、針などがあります。

大気圧とは何か

空気分子は地球の周囲の空間を飛び回っていますが、物質ですから質量があります。

わずかな質量ですが、地球上では重力が働き、空気の重さとして地上の物にのしかかっています。

上空までの空気の層、つまり**「大気」が海面（高度0m）に及ぼす圧力は10万Pa程**になります。

運動する空気分子が作り出すこの**大気圧は、四方八方から同じ大きさで私たちを押しています。**わたしたちは生まれた時からその中で暮らしているので、普段は何も感じません。

しかし、通常の平地、つまり高度の低い町で買ったスナック菓子を、高度の高い山に持っていくと、高度が上がる分、大気圧が減り、スナック菓子の中の気体が膨張してパンパンに膨らみます。

人が、高い山に登って、高山病になるのも、急な大気圧の変化のせいです。

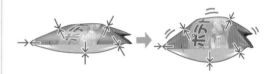

| 高度の低いところでは力が釣り合っている | 高度の高いところにいくにつれ袋の中から押す力の方が強くなり、釣り合うまで膨らむ |

地上の大気圧は、Pa単位で示すにはとても数字が大きいので、天気予報では100を示す接頭辞h（ヘクト）をつけてヘクトパスカル〔hPa〕で気圧を表します。トリチェリの実験で求められた水銀柱76cm（760mm）が底面に及ぼす圧力を1気圧といい、1013hPaを意味します。天気予報では、高

気圧や**低気圧**という言葉が出てきますが、これは大気の中で周囲より気圧が高かったり、低かったりする範囲のことです。そのため、1013hPaより低い高気圧もあります。

真空はどのように作るか

空間に原子も分子もひとつもない絶対的に無の真空以外にも、**減圧**して**低圧**になっている空間も真空と呼び、人工に作り出せる**真空状態**は10－11 Pa程度です。真空ポンプという空気を抜く機械で作り出すことができます。

真空の度合いは、気体分子の状態を温度や電流などの変化で測り圧力に換算する方法などがあります。つまり、身の回りで利用されている真空と呼ばれる空間は、圧力差を利用するために周囲より減圧してある空間のことです。

身の回りにある真空

身の回りで利用される真空では、例えば、家庭用の真空パック機があります。これは、空気を抜いていき、周囲の大気の半分以下の4万Pa程度にします。酸素が少ないので**酸化**しにくく、食品の鮮度が保てます。

魔法瓶は真空状態を挟んだ2重構造で、空気が少なく熱が伝わりにくい性質を利用しています。

低圧では物質は沸点が下がり、水は凍結状態でも蒸発するようになるので、それを利用したドライフリージング技術がインスタント製品の製造に活用されています。

魔法瓶の構造

フリーズドライで水分をなくした乾燥スープ。日持ちするし、湯をかけるだけで元の状態に近くなる

圧力を高くして使う

身の回りでは、しっかりしたものに空気を無理やり押し込み、周囲より圧力を高くして利用しているものもあります。大気圧の研究に続いて**蒸気機関**が登場してきます。蒸気を漏らさず、圧力を効果的に利用できる技術ができて、初めて蒸気機関は実用的になりました。

自動車のタイヤは、弾力のあるものに空気を多量に詰め込んで、弾みをよくしたり衝撃を吸収したりしています

圧力鍋はしっかりした金属に水と気体を閉じ込めて加熱し、発生する水蒸気の圧力を利用して調理します

水圧も圧力

水中では、物は四方八方から同じ大きさで水の圧力を受けます。これを**水圧**と呼びます。**水圧は深さが増せば大きく**なります。

日本が持つ**有人潜水調査船**「しんかい6500」は、世界でも数少ない大深度と呼ばれる深さにもぐれ、三陸沖日本海溝で6527mの世界記録を樹立してから、世界各地の海で活躍しています。水深6500mの水圧は地上の約680倍にもなる約6810万Paです。

そんな深海にも生物がいます。彼らは柔らかく、大量の水分を含んでいて、内側に隙間がありません。そのため、周囲の水圧と自分の体の中の圧力が同じでつぶれません。空気を多く含む発泡スチロール容器を深海に持っていくと、気泡がつぶれそのまま収縮し、小型化しますが、ほとんどが水分の深海魚は大きさがあまり変わりません。

深海水槽の実験で小型化した発泡スチロール容器（右）。海上技術安全研究所提供

深海生物（アンコウ）は地上でも深海でも大きさがあまり変わらない

江戸時代の人も知っていた空気の存在

沢庵宗彭の書に残る空気の記述

皆さんは、自分をとりまく目に見えない空気が「ある」ことを、初めて意識したのはどんな時だったでしょうか。小さな時に、プールから顔を上げて思い切り息を吸った時でしょうか。それとも、ビニール袋を持って走り回り、風を袋にためて遊んだ時でしょうか。

小学校の理科では、空気について学ぶ際に「空気てっぽう」で玉を飛ばす遊びをすることがあります。空気てっぽうの、透明な筒の先端にある玉と押し棒の先の玉の間には、何も見えませんが空気があります。その空気が押されて、縮まって、先端の玉を勢いよく押します。見えないけれど空気がそこに「ある」ことをはっきり感じられます。

このことは江戸時代の人も知っていました。沢庵宗彭（1573-1646年）は、安土桃山時代から江戸時代前期にかけての臨済宗の僧で、多くの著書の中に『東海夜話』があります。

その下巻には空気てっぽうの遊びを例えとして説いているところがあり、そこにははっきりと、「目に見えないから存在しないようでも、空気が満ちている」と書かれています。

「これ前の玉と後の玉との間は空なれとも、その間に気か充ちてある故に、…（『東海夜話』より）」

サロンで人気があった　真空ポンプの実験

これは18世紀のイギリスの画家ライトの「真空ポンプの実験」というタイトルの絵です。真空実験は科学者や知識階級の人々の間でひとつの流行であったことを見ることができます。このようなデモンストレーションが見世物風に、しょっちゅう行われていただろうことは、ゲーリケの「マグデブルクの半球実験」という文章にも書かれています。科学の形が、今とはずいぶんと違ったことがわかるおもしろいお話。

中央に置かれたガラスの実験器具は、ポンプで空気を抜いて真空を作るための装置。ガラス内では、鳥が酸欠で倒れている。
※円内は明るく加工してあります

3 力学その2（万有引力）

フック
(1635–1703年)

様々な場面で「引力」の性質を追究

ニュートン
(1642–1727年)

リンゴも月も地球と引き合う「万有引力」

キャヴェンディッシュ
(1731–1810年)

後の科学者により、測定結果が「万有引力定数」へ

すべてに働く力──万有引力

　ニュートンこそ、人類の宇宙到達のカギとなった「運動する物体の力学とその数学的記述」や、「万有引力の法則」を発見した人です。彼はいちからこれらをすべて考えたわけではなく、それ以前に惑星の**軌道の研究**で有名な天文学者ケプラー（1571-1630年）らの**天体観測**や、ガリレオ（p.12）の研究報告、デカルト（p.14）の考え方などがあったからこそ、そこにたどり着けたのです。

　自然界には、触れて直接働くのではなく、離れていて互いに及ぼし合う力が4つあります（自然界の四力）。

　そのうちの2つは原子レベル以下の小さな世界で成立するので、この章では触れません。

　残りの2つは身近にある力です。1つは磁石や静電気の引き合いで感じる電磁気力。もう1つが質量のあるもの同士が引き合う万有引力です。

　この、離れて働く力については、むかしから多くの人が、様々な角度から法則性や原因を見つけ、説明しようとしてきました。

　この章で取り上げる**フック**は、**気体**の研究で知られる化学者ロバート・ボイル（1627-1691年）の助手としての気体の圧力の研究から始まり、**弾性体***に生じる力など幅広い研究から、質量のある物体の間に働く引力について思い至りました。時代は少し遅れてニュートンも、自分の考えを『**プリンキピア**（自然哲学の数学的諸原理）』という本にまとめ上げました。フックに刺激を受けた面もあります。

　こうして見いだされた万有引力の法則をもとに、惑星の質量比を考えられることがわかると、多くの研究者が地球の密度を求めようと試みます。**キャヴェンディッシュ**は、「ねじれ秤」を利用して精密な測定を成功させました。さらにそこから「万有引力定数」が計算され、現在も重要な役割を果たしています。

---

*弾性体　力を加えると変形し、力がなくなると元に戻る物体のこと。変形して元に戻ろうとする力を復元力と呼ぶ。　29
多くの物体が弾性体であるが、わかりやすいものにゴム、バネがある。

フック

ロバート・フック（1635–1703年）／イギリス

イギリスの科学者、博物学者、建築家。実験、観察に秀で、生物、地学から物理まで幅広い対象を研究しました。バネのフックの法則で知られていますが、顕微鏡による詳細な観察スケッチの記録も有名です。この中にはコルク*の細胞図があり、小単位の構造が他の植物にもあることを示唆して、初期の細胞概念の確立に一役買いました。

様々な場面で「引力」の性質を追究

天体の動きを「引力」で説明

なぜ、惑星は太陽の周りを、月は地球の周りを回り続けることができるのでしょうか。17世紀も後半に入ると、望遠鏡による天空の観測が進み、太陽、惑星、月の軌道に関する知見が増え、その運動の原因を探求する人が増えてきました。フックもそのひとりで、自身で長大な望遠鏡を製作して惑星の観測を行います。そして、惑星運動を保つ世界の仕組みを、「引力」などの考え方をもとにした仮説にまとめて発表しました。

天体の動きについてフックは、ガリレオが提唱した「動いている物体は何かしらの力を受けない限り等速直線運動を続ける」ことを前提に、天体は本来直進し続けるはずであるから、天体が太陽を中心に円軌道を描くには、中心に引き付ける引力がなければならないと述べました。また、その引力は天体間の相互に働き、引力は距離が近いほど強くなるという点にも言及しました。

直線方向に慣性で等速直線運動をする物体に、張力や重力など中心に引き付ける向心力が働くと進む向きが変わり、円軌道を描きます。

軌道上の物体には向心力しか働いていないのに、力の方向である中心に向かって動いていないので、まるで向心力に釣り合う見かけの力（遠心力）があるように感じます。実際に何かが外向きに引いているわけではありません、向心力がなくなったとたん、接線方向に等速直線運動していきます。

ニュートンと対立

このような自分の考えについて、フックはニュートンに意見を求めたことがあり、その後ニュートンが万有引力について『プリンキピア（自然哲学の数学的諸原理）』を刊行する際には、先取権を主張して対立しました。また、これらの惑星運動の議論にはハレー彗星で知られる天文学者のエドモンド・ハレー（1656-1742年）や、セントポール大聖堂の建築者で王立協会の会長も務めたクリストファー・レン（1632-1723年）らも加わっており、当時のイギリスでは、科学に関わる研究者達が活発に意見を交換しつつ、交流し、一方で先取権を争う対立もあったことがうかがえます。

フックはニュートンより7歳ほど年上で、先にその道を歩んでおり、光学、天文学、力学など多くのテーマで議論の対立があって、ニュートンは後に王立協会の会長となった時に、フックの多くの業績を抹消しています。今日ではフックのかな

*植物の樹皮などの外側にできる軽くて弾力のある保護組織のこと。中でもコルクガシではコルク組織が厚いので、防音材やワインの栓などに使われる

りの業績が再発見されて正当に評価されています
が、確かな肖像画は残っていません。

バネのフックの法則

ところで、有名なフックの法則、バネの弾性に
関する「力と伸びの比例関係」は、中学校で学習
します。フックは43歳の時、王立協会の**公開講
座**（カトラー講義）において、バネやワイヤーな
ど、あらゆる弾性力に適用できるこの法則を発表
しました。フックがこの考えを初めに見いだし
たのは、18年も前に、化学者ロバート・ボイル
（1627-1691年）の実験助手として気体に関する研
究を行っていた頃のようです。つまり、バネに関
する**弾性の法則**の着想は、気体の圧縮や膨張など
の在り方を研究した結果であり、極めて広い弾性
体を念頭に置いていたと考えられます。

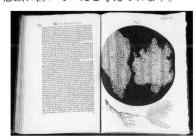

フックの『ミクログラフィア（微小
世界図説)』よりコルクの細胞図

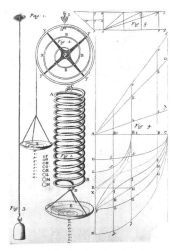

フックのバネの研究の図。バネ
の振動の等時性を説明しました

(((波及効果)))

フックに限らず、この当時の学者達によ
る様々な議論やアプローチは、次ページの
ニュートンによって万有引力の法則に収斂さ
れていきます。また、フックは数多くの重要
な発見を生み出したことから、王立協会の会
長になり、地位を確固たるものにしました。

こぼれ話

今も残るフックの建造物

フックは、大学時代から親交を持っていた同
窓のレン（前述）とともに、1666年のロンド
ン大火後の復興の際に、設計、建造といった公
共事業で活躍しました。彼の名声を確定した
1665年出版の『**ミクログラフィア**（微小世界図
説)』では、顕微鏡の観察記録が精密な図版で示
され、鉱物、植物、動物、望遠鏡による天空の
観察まで記述が広がり、極めて多彩な才能を見
せています。

フックは、「力と伸びの比例関係」について講
義をする以前に、その要旨を「ceiiinossssttuu」*
という文字列で発表していました。そして、講

レンとフックによって建てられた
ロンドン大火記念塔

義の冒頭にその文字列をラテン語の文章に並べ
かえ「Ut tensio, sic vis（伸びは力の通り）」と解
いてみせたのです。まるで遊びのようですが、
実は、このようなやり方で実際の発表前から、
まずは内容の先取権を示しておくことはとても
重要でした。

---

*文字列にはuが2つありますが、ラテン語の文章の方は1つになっています。当時は今と違ってuとvは同じ音
で、同様に使われました。今でもブランド名BVLGARI（Bulgari/ ブルガリ）などにこれを見ることができます

ニュートン

アイザック・ニュートン（1642−1727年）／イギリス

ニュートンとフックの生い立ちは似ているところが少なくありません。どちらも幼少期は体が弱く工作や絵が得意で、上流貴族でも労働階級でもなく、それなりに裕福で、高等教育の場で学ぶ機会を持っていました。前半生の活動場所はケンブリッジとオックスフォードと違いましたが、どちらも王立協会に属しました。

リンゴも月も地球と引き合う「万有引力」

万有引力の発見は大学閉鎖のおかげ？

ニュートンが学生時代、イギリスではペストの大流行があり、在籍中だったケンブリッジ大学が閉鎖されました。その間、故郷の田舎で、1年余りのんびりいろいろな研究にふける時間を持てたニュートンは、地球の引力が地上の物だけではなく、月にも働いているという着想を得たといいます。

庭のリンゴが落ちたのを見てヒントを得たという話は、古くから「ニュートンがそう言った」という伝聞として、各所に伝わっている逸話ですが、信憑性は定かではありません。しかし、注意深い地上の自然観察をもとに、天空にまで適応範囲を広げる自在な思索が、大発見につながったのは確かでしょう。

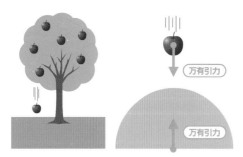

月に対して働く地球の引力

何の力も働かなければ空間で等速直線運動をするはずの月ですが、地球との間で引力が働いてい

ますから、力の向きに運動が変化して地球を回る軌道を描きます。すべての天体の軌道は、引力の存在を前提にすれば地上の力学をそのまま適用して説明することができます。

ニュートンは田舎で得た引力のアイデアから10年以上たった時に、フックに意見を求められたことがきっかけで、月に対する地球の引力について再計算しています。そして質量のある物体同士の間では引力が働き、互いの引力は距離の2乗に反比例するという万有引力の法則が完成していったのです。

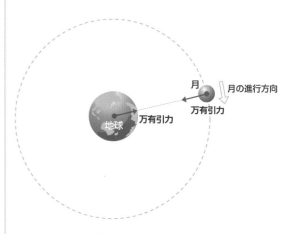

リンゴと地球が引き合うのと同様に、天体である月も地球に引かれて円軌道を描いています。引力が働かなければ慣性の法則で矢印の進行方向に直進するはず

プリンキピアの完成

　ハレー（1656-1742年）の勧めや、先取権を主張するフック（p.30）の抗議など、紆余曲折を経てニュートンは自分の考えを総括した『プリンキピア』を完成させます。そこでは天体が質量を持つ物体に過ぎないことも述べられていました。中学校や高等学校で習う運動の法則もここで説明されているのですが、現在の教科書とは違って、$F = ma$といった公式の記述ではなく、主として図形をもとにして、文章でつづられています。

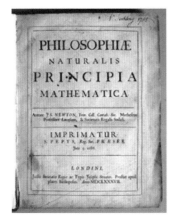

ニュートンの研究成果をまとめた本『プリンキピア』のタイトルページ。金沢工業大学ライブラリーセンター所蔵

幅広い活躍

　ニュートンについては、p.64の光に関する話題でも再度取り上げます。

　この本で取り上げる科学者の多くが、実に幅広い範囲で研究を展開していますが、中でもニュートンは物理学の世界において、現在の発展を導く多くの研究を残した巨匠でした。

ニュートンについては、p.64の光に関する話題でも再度取り上げます。

(((波及効果)))

　ケプラー（1571-1630年）らの天体観測や、ガリレオ（p.12）によるアリストテレス（p.10）の否定が知られた後の時代を生きたニュートンは、地上の力学と天体の動きを統合して統一的に説明することに成功したのです。そして、今までその存在を認められなかった接触せずに働く目に見えない力、遠隔力としての引力の存在を明快に示したことで、様々な議論を巻き起こしつつも、新たな力学の時代を開きました。

こぼれ話

ニュートンのリンゴの木、クローンが日本にも

　ニュートンがヒントを得たかもしれないリンゴは、酸っぱく小ぶりで、完熟する前に実が落ちやすい品種です。このリンゴの木のクローンが日本各地にも植えられています。ニュートンが『プリンキピア』を書き上げたケンブリッジのトリニティカレッジには、ニュートンのいた部屋や像などがあり見学できます。また、ニュートンが設計した数学橋は今も学生らが渡っています。

日本にあるニュートンのリンゴの木のひとつは、小石川植物園にある。朝日新聞社提供

キャヴェンディッシュ

ヘンリー・キャヴェンディッシュ（1731-1810年）／イギリス

化学者であり物理学者でもある貴族出身のキャヴェンディッシュは大変な財力を持ちながら生活は質素で、人付き合いを嫌い、研究に潤沢な資金をつぎ込んで、今日の基礎となる様々な成果を残しました。王立協会などで他研究者との交流も多少あったものの限られていたため未公開の記録も多く、後年発見され高く評価されています。

後の科学者により、測定結果が「万有引力定数」へ

後の発見を先取りする研究も

キャヴェンディッシュが生きたのは、科学の様々な場面でそれまでの考え方の転換が起こっている時代でした。その渦中にあって、キャヴェンディッシュは当時の主流の理論を擁護、補強する一方で、現在に通じる新しい考えにも踏み込んでいました。

未発表の研究には先駆的な発想が多く、電気関係や、気体の体積変化に関する報告では、後の科学者たちの発見をすでにキャヴェンディッシュが成していたことが見てとれます。

一方で、現在は通用しなくなった考えの立場を

キャヴェンディッシュが学んだケンブリッジ大学のトリニティ・カレッジ

とった有名なものとして、**フロギストン説**という**燃焼**を説明する考え方があります。17世紀後半から当時の知見で最も矛盾なく燃焼現象を説明できる理論でした。キャヴェンディッシュはこの理論の強力な擁護者でしたが、18世紀が進むにつれ新たな発見が積み重なり、この考えでは説明できない物質や現象が次々に見つかっていきました。フロギストン説ではない新たな燃焼理論が皆に受け入れられたのは19世紀に入ってからです。

ねじれ秤の実験で地球の密度測定

1797年から1798年にかけて、キャヴェンディッシュは**地球の密度**の測定を試みました。地球は巨大な上に、地下は様々な組成になっていて、密度など簡単に測れそうにありませんが、それが可能となったのはニュートンのおかげです。この頃、天文学者たちは万有引力の法則を用いる

こぼれ話

知られざるキャヴェンディッシュの偉業

キャヴェンディッシュの未発表の偉業には、クーロンの法則（p.89）やオームの法則（p.100）にあたる内容もあり、関係する実験も精度の高いものでした。

しかし、キャヴェンディッシュは自分で工夫して実験し問題が解けるとそれで満足してしまうようで、発表は二の次だったために、当時、彼のすばらしい成果を知る人はいないままでした。また、女性が苦手で生涯結婚しませんでした。

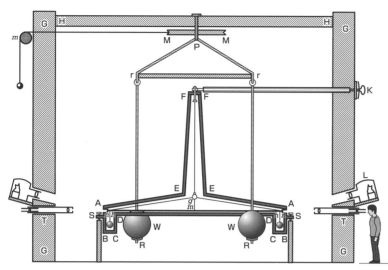

キャヴェンディッシュのねじれ秤の実験の全体図

外側の四角は建物の壁で、脇にあるのぞき窓の望遠鏡から、人は内部を観察できました。

2つの大球はそれぞれ160kgほどで、その側に0.7kgほどの小球を棒の先端に1.8mほど離して配置してあります。小球の付いた棒を上部（F）から吊るして、小さくねじって棒を回転振動させると振動周期は大球との引力の影響を受けます。大球のそばで回転方向が変わる瞬間は、大球に最も引き付けられています。例えば、周期30分の揺れで大球に20cm程近付いた時、小球の位置は大球がない場合に比べて1cm余り大球に引き付けられました

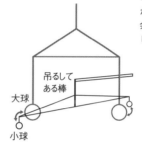

吊るしてある棒

大球

小球

と、地上の2つの質量体の引き合いを測る工夫があれば、あとは、そこに働く地球の引力を組み合わせて、地球の質量を知ることができることに気が付きました。

　これを実現するために、天文学者のジョン・ミッチェル（1724-1793年）は**ねじれ秤**の装置を考案しましたが、実験を終えることなく他界してしまいました。その装置をミッチェルの死後にキャヴェンディッシュが譲り受けて再構築し、測定に成功しました。

　その装置では、質量のわかっている大鉛球をぶら下げ、そばに小鉛球を下げて互いの間の引力の大きさを、ねじれの度合いで計測するのです。

　そうして測定した値を、地球から小鉛球に働く重力と比較、地球が大鉛球の何倍の質量を持つのかを計算したのです。地球の質量をもとに、キャヴェンディッシュは地球の密度を求めることに成功、それは水のおよそ5.4倍余りでした。現在、5.5倍であることがわかっています。

　ほんの少しの空気の動きも測定の精度を落としてしまいます。そのため、装置は大きな建屋の中に作られ、キャヴェンディッシュは外から覗いて測定をしました。この結果は大変正確で、その後100年近くこの精度を超えることはありませんでした。

(((**波及効果**)))

　18世紀の天文学では、**太陽系**を構成する星々の動きに関してかなり詳細な測定が出そろっており、ニュートンの法則を利用することで、ひとつの星の密度さえわかれば、他の星の密度が計算できることがわかっていました。例えば、地球についてわかることで、万有引力で引き合う関係にある月についてもわかるようになるといった具合です。

　そのため、キャヴェンディッシュの測定で地球の密度を求めることができたことはとても意義がありました。さらに、彼の実験は引力に関する比例定数を含んでいるという、より重要な一面も持っていたのです。当時あまり重視されませんでしたが、精度がとても高かったため、後にそこから万有引力定数が計算されました。

すべてにかかる「万有引力」とは？身近な例から考えよう！

私たちの周りにあるすべての物体は、支えを失うと重力が働き地上に落ちます。これは、地球がその物体に万有引力を及ぼしているからです。もちろん、地上の物体だけではなく、宇宙の天体同士にもこの力が働いています。

地球と私の間にも万有引力

万有引力は2つの物体の間には必ず働く力です。

その**大きさFはそれぞれの物体の質量m_1、m_2の積に比例し、距離rの2乗に反比例します。**

$F = G[m_1 m_2/r^2]$

これを、**万有引力の法則**と呼びます。

Gは**万有引力定数（6.67×10^{-11}[N・m²/kg²]）**です。この10^{-11}という数字を見てもわかるように、万有引力はとても弱い力です。

では、なぜ2つの間に働く力なのに、地上の物体は一方的に地球の中心に引っ張られるのでしょうか。まず、地球の質量がとても大きいので、万有引力Fが無視できないほどの大きさになります。さらに、地上の物体の質量は、地球の質量に比べてあまりにも小さいものです。物体は$F = ma$の関係で加速度aを生じます。この式は力と質量と加速度の関係を表しています。式から同じ大きさのFであるならば、mが大きければaは小さく、mが小さければaが大きくなるはずです。つまり、mが莫大な地球には加速度aはほとんど生じないので動きません。mがごく小さい物体だけに加速度aが生じて、落下するように見えます。

地球の質量をM[kg]、りんごの質量をm[kg]として、万有引力がリンゴに及ぼす力について運動方程式を書いてみましょう。ただし、地球から地上の物体までの距離は地球の半径R[m]としておきます。地上で多少高さが違っても、それは地球の半径に比べてとても小さいので無視します。

万有引力F[N] $= G\dfrac{M \cdot m}{R^2} = ma$

よって、$G\dfrac{M}{R^2} = a$と書くことができ、生じる加速度はリンゴの質量mに左右されません。つまり、mが大きくても、小さくても、aは変わりません。この加速度aを**重力加速度g**と呼びます。

物体の質量によらず、地上で物が落ちる時の重力加速度は**g = 9.8m/s²**です。

万有引力と重力の違い

地球は**自転**しています。仮に、自転しない地球を考えると、万有引力は重力のみです。しかし、実際には地球は自転しているので、地上の物体には遠心力がかかります。そのため、万有引力によって引き付けられながら、地球の自転によりその力が削減されるので、実際の**重力は万有引力と遠心力の合力***になります。

また、遠心力は緯度によって大きさが違いますから、重力も緯度によって異なります。

*合力　力の向きの違う2力を同じ効果を持つ1つの力にまとめた力。力の向きと大きさで考える

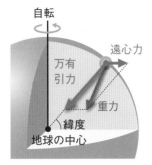

自転

遠心力

万有
引力

重力

緯度

地球の中心

遠心力≪万有引力
重　力≒万有引力

月が地球の周りを回っているわけ

物は支えがないと何でも地面に落ちます。空を飛ぶ鳥も、羽ばたくのをやめれば落ちてきます。では、なぜ月は落ちてこないのでしょうか。

月は、ずっと落ちているのです。でも、同時にまっすぐ遠くに行こうとしていて、紐がついた重りのように同じところを巡っています。地上で物を投げると、下図の軌道Aのように、投げた方向にまっすぐ飛んでいこうとしますが、同時に地上に落ちていき、やがて地面に着きます。もっと強い力で投げたらどうでしょう。軌道Bのようにずっと遠くに落ちます。さらにもっと強い力を加えて速く飛ぶようにしていくと、やがては軌道Cのように地球を回り始めます。

これが、地球をめぐる**円運動**です。地上からこの円運動になるように物体を投げ出す速度を、**第一宇宙速度**と呼び、$v = \sqrt{gR}$〔m/s〕と表せます。人工衛星が地球を回ることができるのはこの速度に関係します。

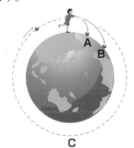

A
B

C

月の重力は、地球の6分の1

物体には、それを構成している原子が持つ質量があります。これは、地上でも宇宙空間でも変わりません。地上ではこの質量に見合った重力で地球に引かれています。重力の大きさは　$F = mg$〔kg・m/s²〕です。

物体をバネ秤やキッチン秤で測った数字は重力の大きさにあたります。これを**重さ**といいます。

月にあっても、物体の質量は変わりません。ですが、質量にかかる月の重力の大きさは地球と違います。月面の重力は地球の6分の1ですから、月での重さは地球の6分の1になります。

体重
60kgの人

体重
60kgの人

重力

重力

地球：60kg　　　**月：10kg**

体重60kgの人がバネを使った台秤に乗って体重を量ると目盛りの値は……

宇宙観の変化

かつて、長いこと人類は地上の世界と星々のある天界を別の理論で動いていると考えていました。

古代インドの宇宙観。大昔の宇宙観のひとつでは、大地は巨大な亀の甲羅の上にあり、3頭の象によって支えられていると考えられていました。中心に須弥山がそびえ、太陽や月はこの山の周りを回っています

しかし、ガリレオを経てニュートンら新しい視点で世界を考える科学者たちにより、地上の運動も、太陽の周りを回る惑星の運動も、共通の法則のもとに動いていることが解き明かされました。

地上でも天界でも、様々な動きは等しく宇宙空間という世界の中の動きであり、物体は星でも石でも生き物でも、万有引力が互いに影響しあう質量を持った物体で、その動きは運動の法則に従うのです。

ニュートンが活躍した時代の日本事情

「重力」という訳語が考えられるまで

　ちょうど、ニュートンが、ペストの流行で閉鎖された大学から実家に戻り、庭でリンゴを見ていた頃。日本は幕藩体制が固まり、初めての『オランダ風説書』（海外事情に関する情報書類）が書かれています。ここから世界の情報が江戸に入るようになりました。江戸時代の日本には、ヨーロッパの科学がかなり頻繁にオランダ経由で伝わってきていたようです。

　ところで、当時の日本の暦は中国から得た知識で奈良時代から施行されていましたが、遣唐使廃止後にバージョンアップされず、狂いが生じていました。それを指摘して改暦を唱えたのが、後に幕府天文方となる渋川春海（7歳違いのフックとニュートンの、ちょうど中間頃に生まれた）や、和算（日本の数学）で知られる関孝和（ニュートンと同年に生まれたといわれる）でした。中でも渋川は、水戸の徳川光圀らの後押しで、中国の暦を手本に独自の暦を作り改良を重ね、改暦に成功したのが1684年。「貞享の改暦」と呼ばれました。この暦が用いられた70年間の日食はほぼ予報通り起こったといいます。

　1687年（貞享4年）徳川綱吉が生類憐れみの令を定めた年、ニュートンは『プリンキピア』を発刊しています。ところで、当時外国語で書かれた本の一部は、日本語に訳されていました。例えば、プリンキピアを元に書かれた、ジョン・ケイル（John Keill, 1671-1721年）の『真正なる自然学および天文学への入門書（Introductiones ad Veram Physicam et Veram Astronomiam）』（1725年）は、そのオランダ語版（1741年）を志筑忠雄（1760-1806年）が暦象新書*として訳しています。その中には日本語に単語が存在しない概念もあり、「重力」という訳語は志筑忠雄によって考え出されました。

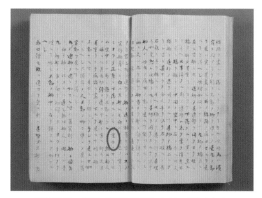

志筑忠雄・訳の『暦象新書』より。「重力」という言葉は上巻の初めの方に登場する。早稲田大学図書館所蔵

フックとニュートンの確執

　フックのことを「忘れられた天才」であると言った伝記作家がいますが、まさにその通りで、私たちがフックの名を聞くのは、中学校の力学でバネの学習をする時（フックの法則）くらいです。対して、ニュートンの知名度は大変高いので、フックはたいした研究をしていないと思っている人も少なくないでしょう。それはとんでもない間違いです。

　フックは、実に多彩に実験や観察に基づく正確で精緻な研究を行っていました。フックはニュートンより7歳年上で、ニュートンにも大きな影響を与えており、初めはニュートン自身がそれを認めていました。しかし、万有引力や光学で議論が激しくなり、やがて研究内容から外れた感情面でふたりはぶつかります。そして、フックの死後、ニュートンが王立協会の会長になると、協会の建物の移転などに伴い、フックの肖像画や手製の実験器具、多くの論文が失われ、肖像画に至っては今日になっても信頼のおけるものは見つかっていません。フックもニュートンも直系の子孫はいません。

　*暦象新書は、竒児・著、志筑忠雄・訳となっている写本を、現代でも見ることができます。著者名「竒児」は原著者ケイルの当て字です。

力学の確立に活躍した科学者たち

ギリシャ時代	紀元前776年	第1回オリンピア競技（オリンピック）から力学の第一歩が始まった
	紀元前7-6世紀頃	タレス　「すべての出来事には理由がある」
	紀元前6-5世紀頃	ヘラクレイトス　万物の元は「火」
	紀元前5-4世紀頃	プラトン　アカデメイアで教鞭をとる。アリストテレスの師
	紀元前4世紀頃	**アリストテレス**　哲学者であり始まりの科学者
	紀元前3世紀頃	アルキメデス　浮力の発見

ギリシャの知識は、7世紀頃にはアラビアに伝わり、11世紀以降から徐々にヨーロッパにもたらされ、ルネッサンス期以降に再注目される。

1500年頃	レオナルド・ダ・ヴィンチ（1452-1519年）　摩擦力の研究。名画『モナ・リザ』の作者
1543年	コペルニクス（1473-1543年）『天体の回転について』で地動説。惑星軌道提示
1600年	日本では関ケ原の戦い。イタリアではコペルニクスの地動説を徹底擁護したジョルダーノ・ブルーノが火刑に処せられた
1609年	ヨハネス・ケプラー（1571-1630年）『新天文学』を発行。惑星軌道の法則
1638年	**ガリレオ・ガリレイ**（1564-1642年）　斜面の落下実験などでわかった力学の法則を『新科学対話』にまとめて発刊。アリストテレスの考えを否定。口述筆記者は弟子のトリチェリ
1643年	**エヴァンジェリスタ・トリチェリ**（1608-1647年）　水銀柱の実験を行う。気圧計の報告
1644年	**ルネ・デカルト**（1596-1650年）『哲学の諸原理』刊行。続く時代の科学者ホイヘンス（1629-1695年）、ニュートン、ヤング（1773-1829年）らに影響を与える
1647年	**ブレーズ・パスカル**（1623-1662年）『真空に関する新実験』を冊子にまとめる
1654年	**オットー・フォン・ゲーリケ**（1602-1686年）　真空に関するマグデブルグの「半球の実験」を実施
1660年頃	ロバート・ボイル（1627-1691年）　**フック**を助手に気体の研究
1665年	**ロバート・フック**（1635-1703年）　顕微鏡観察報告『ミクログラフィア』出版
1665年	**アイザック・ニュートン**（1642-1727年）　ペストの流行でケンブリッジ大学が閉鎖され、郷里で万有引力の法則や、多くの数学的着想を得た
1666年	ロンドン大火。この後、**フック**とクリストファー・レン（1632－1723年）は再建の都市設計に活躍
1678年	**フック**が弾性体の復元力について発表
1684年	江戸時代、渋川春海による貞享の改暦、日食の予測
1687年	**ニュートン**『プリンキピア』発刊
1703年	**ニュートン**　王立協会会長になる。フックの業績が消される
1797-98年	**ヘンリー・キャヴェンディッシュ**（1731-1810年）　地球の密度の測定。万有引力定数の決定につながる
1879年	ジェイムズ・クラーク・マクスウェル（1831-1879年）により『ヘンリー・キャヴェンディシュ電気学論文集』発刊、キャヴェンディッシュの再評価につながる

どこか遠くへ行きなさい。
仕事が小さく見えてきて、もっと全体がよく眺められる
ようになります。

—— レオナルド・ダ・ヴィンチ

難しい問題は、小さく分けて考えなさい。

—— ルネ・デカルト

真理の大海は、未発見のまま、私の前に横たわっている。

—— アイザック・ニュートン

4 温度

- ## トスカーナ大公フェルディナンド2世
  （1610–1670年）

  実験科学が求めた「温度計」

- ## セルシウス
  （1701–1744年）

  共有可能な「温度の基準」と「目盛り」を考案

- ## ケルヴィン卿
  （1824–1907年）

  熱力学的「温度概念」を確立

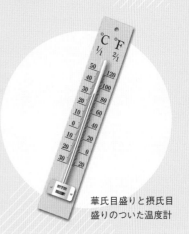

華氏目盛りと摂氏目盛りのついた温度計

▌温かさ冷たさ表す共通単位「温度」

　温かさや冷たさは、気温、体温、バターなどの食材の状態など、昔から生活の様々な場面で注目されてきましたが、普遍的で客観的な測定対象としての意識はありませんでした。

　今の温度計につながる測定器具を考案したひとりがガリレオ（p.12）です。「それでも地球は回っている」という名言であまりにも有名ですが、その存在は科学における実験と数学の重要性、さらに思考実験や抽象化といった方法論を、続く者達に提示した点でまさに近代科学の父といえます。この温度計をとっても、ひとつの珍しい器具の発明で終わらず、**トスカーナ大公フェルディナンド2世**が組織したアカデミア・デル・チメントなどに代表される、科学的に世界の不思議を探求する人々により、「温度」を「測る」道具として改良、実験の条件設定に活用されていきます。

　しかし、ガリレオ以降しばらくは、器具の工夫に比して、その背景にある温度概念は十分な熟成が伴わなかったため、誰もが共通利用できる基準点や精度を持った目盛りによる数値化は、その後のニュートン（p.32・64）、ファーレンハイト（1686-1736年）、**セルシウス**、レオミュール（1683-1757年）といった科学者達の追究を待たなければなりませんでした。

　温度計による測定が確立するにつれ、温度変化をもたらす「熱」の正体も解明されてきます。これらの背景には蒸気機関という熱を利用して運動を作り出す技術が、社会の中で大きな役割を果たしぐんぐん発達していったことがありました。先行する技術を追うように、次々に解明されていった熱の正体は5章「熱力学」でお話しするように、熱素という物質ではなく、エネルギーのやりとりの量であり、それによる分子のエネルギー状態の変化が温度変化だったのです。そして、**ケルヴィン卿**により**分子運動**の立場から新しい温度の基準が考えられました。

トスカーナ大公フェルディナンド2世

トスカーナ大公フェルディナンド2世・デ・メディチ（1610-1670年）／イタリア

ガリレオ（p.12）を援助した第4代大公コジモ2世の死去により11歳でトスカーナ大公に。統治の才はなく、科学者や芸術家を援助し、貴重な知的遺産を後年に残しました。特に、弟レオポルド枢機卿と1657年に設立したアカデミア・デル・チメントは、科学者の研究、情報交換の場として、科学における「学会」の前身となりました。

実験科学が求めた「温度計」

学会の前身である会合を設立

学会がなく学会誌もなかった時代、科学的成果の情報の伝達は手紙のやりとりでした。ガリレオ（p.12）が友から、「ガリレイ式の温度計を入手し

イタリア、フィレンツェの街並み

て暑さの程度を15日連続して調べた」という記録を受けた手紙が現存しており、これが系統的な温度測定として最古ではないかといわれています。

そんな時代に、知の習得と探究の場所として、ギリシアのアカデミア活動の復興ともいえる場がイタリアのフィレンツェに登場しました。それは17世紀のことでした。実験や試みという意味のチメントを主眼に挙げたアカデミア・デル・チメントもそのひとつでした。

実験を重視、報告集に残す

アカデミア・デル・チメントは実験を重視しました。そして、多岐にわたる対象についての実験を、マニュアル的な詳細な記録にまとめ、実験結果とともに、多く報告集に残しています。

知の習得と探究の場、「アカデミア」

16世紀には、レオナルド・ダ・ヴィンチ（p.18）を生み出したフィレンツェ、17世紀の初頭には、そこにアカデミア・ディ・リンチェイという博物学的な科学に関心のある人々の会合もありました。リンチェイは山猫という意味で、光る目から「慧眼」の士の集まりの意味と考えられています。ガリレオもその一員でした。

アカデミア・デル・チメントはリンチェイが活動をやめてから四半世紀ほどして活動を始めており、それはガリレオの死後、15年ほどたっていました。デル・チメントのメンバーにはガリレオの弟子たちがいて、温度や真空などガリレオが取り組んだテーマを深める実験を行っています。

アカデミア・デル・チメントによって制作された実験記録に関する報告集の表紙

きるように工夫しました。この他にも強度や携帯を考慮した温度計の改良を含め、様々に温度に関する研究がなされました。

ガリレイ式温度計（サーモスコープ）

この報告集はパトロンであったフェルディナンド2世に献呈されていますが、当時にしては珍しく余計な装飾的文体などはなく、準備の方法、物品の入手情報、実験手法、データとその処理などを淡々と記録しており、現在の科学論文の様式の萌芽を見ることができます。実験を主導するとともに、フェルディナンド2世は自身も研究をして温度計の作製で活躍しました。

アカデミア・デル・チメントで、実験を見守るフェルディナンド2世（中央の椅子に座っている白い服装の人物）

┃ 温度計の改良に尽力、工夫凝らす

1650年頃には、ガリレオの考案した温度計は大気の変動に影響されるので、外圧を受けない液体封入型の温度計が考えられました。考案者のひとりがフェルディナンド2世で、アカデミア・デル・チメントではガラス管を細く、液だまりを大きくして温度の微小変化にも反応できるようにしました。さらに、液だまりが大きすぎると周囲の**温度変化**がすぐに反映されないので、液だまりを枝分かれさせて、外部とすばやく熱がやりとりで

アカデミア・デル・チメントで考えられた温度計のひとつ

(((波及効果)))

ガリレオに始まる実験による自然の探究という姿勢を報告集といった形ある記録で後年に伝えた点は重要です。さらに、この後、学会という学術振興の拠点は徐々に欧州に広がっていくことになり、その先駆者としての価値は計り知れません。

科学研究の面では、温度計のアイデアが形になるにつれ、使われる物質の膨張過程に関する研究が盛んに行われ、空気温度計からアルコール温度計、水銀温度計、気圧を考慮した**空気温度計**などが次々に登場しています。

セルシウス

アンデルス・セルシウス（1701–1744年）／スウェーデン

祖父の代からのスウェーデンの天文学者であり、父に続き、1730年にウプサラ大学の天文学の教授となります。各国の著名な天文学者の協力のもと、欧州各地の天文台を訪問して見聞を広めました。緯度計測、オーロラの調査などで活躍、1744年に結核で没するまで同大学で天文学の教授を務めました。

共有可能な「温度の基準」と「目盛り」を考案

天文学者として活躍

気温の数字の後ろに〔℃〕と書いて摂氏○度と読みますが、これは摂氏温度の提唱者であるセルシウスにちなんでいます。セルシウスは天文学者として活躍しましたが、温度の単位にも名を残しています。それは18世紀当時のスウェーデンにおいて、天文学の教授であることは、今日の地学の範囲である**地理測定**や**気象観測**などに関しての研究を行うことも含まれていたためです。

さらに、セルシウスの活躍した時代は、科学のすべての研究で単位の必要性、重要性が認識されつつありました。長さや重さを始めとする様々な共通単位が模索され、温度に関しても、工夫されてきた温度計にどのような基準の目盛りをつけるかをめぐって、多くのアイデアが提示されていたのです。

温度の基準を何にするかが問題

温度計は、手作業で作るガラス管などを利用していたため、まったく同じ度合いで上下する機器を複数作ることが困難でした。それもあって、温度の基準点に関しては、初めは厳密さや客観性よりも容易に確定できるものが選ばれる傾向にありました。低温側として結氷期の気温や深い地下室の温度、高温の基準となると、牛や鹿の体温、バターの融解温度などがその例です。

沸騰している水の温度が一定であると1665年にホイヘンス（p.66）によって明らかにされ、凝固点などの水の特性もわかってくると、やがてそれを基準とする発想が登場してきます。

例えば、ファーレンハイトが氷の融点と水の沸点、人の体温を定点として目盛りの基礎にした実用的な温度計の製作、またニュートン（p.32・64）が雪解けの温度を0度、水が沸騰する時の温度を33度と提唱、フランスの科学者であり昆虫学者でもあるレオミュールは氷点でのアルコールの体積を基準に目盛りを考えました。

水の沸点・氷点を使う目盛りを提唱

セルシウスは、誰もが納得できる基準として、水の標準状態下での沸点を0度、水の氷点を100度とすることに着目しました。そして、現在の目盛りとは0度と100度の対応が逆の、2点を基準とする目盛りを、1742年の論文で提唱しています。

その際、上下の定点を厳密に確定するために、温度計の管を融解し始めた雪に入れるなどの工夫をしています。そして沸点と氷点の両状態下での**水銀柱の高さ**の差（長さ）を決め100等分しました。さらに目盛りを沸点と氷点の外側に等間隔で延ばして、0度以下と100度以上も測れるように考えました。

(((波及効果)))

温度計は生物、気象などで汎用的な実用化が待たれていたため、どんどん活用されていき、やがて産業の発達とともになくてはならない、前提とするのが当然の道具となっていきます。

1768年頃に日本でも平賀源内（1728-1780年）がオランダ伝来の温度計を模倣して寒熱昇降器と名付けています。目盛板に「極寒、寒、冷、平、暖、暑、極暑」の文字と華氏の数字を書き入れました。中の液体はアルコールであったと推測されています。また、同じ江戸時代、勘に頼っていた蚕種製造業*では、1847年に中村善右衛門により養蚕用温度計が考案され、飼育温度の最適化、安定化が図られました。

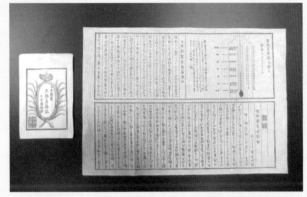

平賀源内の温度計の復元品　　　　平賀源内による温度計の解説図。ともに平賀源内記念館所蔵

＊**蚕種製造業**　蚕に産卵させた台紙を作ったり、品種改良をしたりする仕事。孵化する時期を調整する際に適温を保つ必要がある

こぼれ話

華氏と摂氏

沸点を0度、氷点を100度と聞いて、不思議に思った方も多いでしょう。実は、セルシウスの死後、この目盛りは逆転して現在に至っています。その理由については諸説ありますが、温度計製作者のエクシュトレム（1711-1755年）か、実験でセルシウスの温度計を活用したスウェーデンの生物学者のカール・フォン・リンネ（1707-1778年）がより便利に使えるように考えたと思われています。

ファーレンハイトが提唱した温度基準は華氏温度〔°F〕として、最近まで多くの英語圏で使われており、広く残っています。華氏は低温が氷と水と塩化アンモニウムの混合物の温度、高

1741年にセルシウスが創立したウプサラ天文台の版画

温が人の血液の温度を基準にして作られた目盛りで、華氏100度は風邪で発熱した時の人間の体温にあたります。摂氏、華氏の表記は提唱者の中国表記に由来しています。

ケルヴィン卿

ケルヴィン卿ウィリアム・トムソン（1824−1907年）／イギリス

物理学者。後に爵位を受けたため、トムソンの名で原理名などが残っている一方で、業績をケルヴィン卿の名で語られたり、絶対温度の単位にケルビン〔K〕が残っていたりしますが同一人物です。熱力学、電磁気学、流体力学など重要な活躍を残した分野は広く、同時代活躍した7つ年下のマクスウェル（p.108）も示唆を受けています。

熱力学的な「温度概念」を確立

分子レベルの温度も表す絶対温度

ケンブリッジ大学を卒業後にパリを訪問したトムソンは、カルノー（p.54）の『火の動力およびこの力を発生させるのに適した機関の考察』を紹介した論文を目にし、当時それほど重要視されていなかったカルノーの考察に驚きました。カルノーが述べていた理論は熱力学に新たな一歩を与える、極めて重要なものだと感じたのです。そこで、トムソンはカルノーの理論を前提に、個々の物の温かさ、冷たさの状態を比較できる目盛りにすぎなかった温度概念を発展させ、物質すべてに共通して考えることができる分子レベルの状態の表現として、絶対温度を定義することを提唱しました。

温度の下限は「絶対零度」

物質の中の分子や原子は運動しています。激しく運動している状態は温度が高い状態です。温度が下がれば運動状態は小さくなります。その延長線上に、理論上、分子や原子が完全に停止する状態が存在するはずです。その温度を<u>絶対零度</u>と呼び、分子や原子の状態を考えた時、これより低い温度は存在できないことになります。絶対零度は0〔K〕と表記し、摂氏温度では −273.15℃にあたります。絶対温度でも高温には上限がありません。

	摂氏	華氏	絶対温度	原子・分子の動き
気体				
液体	100℃	212℉	373K	
	0℃	32℉	273K	
固体（氷）				
	-273.15℃	-460℉	0 K	

水についての3態の図

数々の功績により爵位を得る

トムソンは1892年に数々の功績により男爵に叙せられ、ケルヴィン卿となりました。

他にも、ケルヴィン卿はオックスフォードにおけるジュール（p.56）の講演発表を聞いて「ジュールの実験」の重要性を見抜き高く評価しています。その後、熱力学に関して協力して研究を深め、「ジュール－トムソン効果」として発表しています。

同じ頃ケルヴィン卿は、熱を力学的な仕事に変換する時、必ず損失が生じ、すべてを完全に有効利用できるわけではないことを述べています。これは今日の熱力学の第二法則（p.59）にあたります。

グラスゴーのケルビングローブ公園にあるケルヴィン卿の像。グラスゴー大学の自然哲学（物理学）教授を長く務めた

(((波及効果)))

絶対温度の導入により、温度というものが人の体感や環境に関わるだけのものから、すべての物質の熱的な状態を表すものへと変わったといえるでしょう。この認識によって、実験の条件設定のひとつとして、温度はより重視されるようになりました。また宇宙などの状態を考える基準がより明確になっていくきっかけとなりました。

こぼれ話

日本ともつながりの深かったケルヴィン卿

ケルヴィン卿は熱の研究者として、熱伝導による冷却速度を地球に対してあてはめ、そこから地球の年齢を算出しています。ダーウィンの進化論を、地球にはその時間がなかったとして否定しました。当時の物理学を名実ともに牽引したケルヴィン卿は、生物学の発展には弊害を残したといえます。

また、明治時代に政府が採用した多くの外国人指導者の8割近くがイギリス人であり、多くはケルヴィン卿の弟子や関係者でした。日本の物理学を牽引した明治の物理学者田中舘愛橘（1856-1952年）はグラスゴーに留学時代、ケルヴィン卿のもとで物理を学んでいて、1年ほどケルヴィン卿の家に住んでいます。日本の科学・技術の牽引に大きな役割を果たしたケルヴィン卿の功績に対して、1901年勲一等瑞宝章が贈られています。

グラスゴー大学留学中の田中舘愛橘（写真前列右端が田中舘。前列左から3人目がケルヴィン卿）二戸市シビックセンター田中舘愛橘記念科学館所蔵

グラスゴー大学に残る田中舘の学籍登録簿

「温度」って何だろう？
身近な例から考えよう！

右図のうち、熱い、つまり高い温度といえるものと、冷たい、つまり低い温度のものを見つけてください。自然と見つけられるのではないでしょうか。私たちは成長する過程で、いつの間にか身の回りの物体の温度の概念を身につけています。

現在は太陽内部の温度まで推定されており、高い温度には上限がありません。一方、冷たい温度になると、物質を作っている粒子（原子や分子など）の振る舞いから、限界があることがわかっています。

すべての粒子が動きを止めた状態、**絶対零度**以下の冷たい世界はありません。

加熱したり冷却したりして利用

温度は物質の「ある状態」を示しています。そして、私たちは「ある状態」から「別の状態」にする方法を利用してきました。熱くする方法の最も原初的なものが「火」です。100万年以上前の遺跡に火を使った痕跡が見いだされています。

冷やす方は水分の蒸発を利用しました。古代エジプトやインドでは素焼きの壺に水を入れると、壺の外表面から水分が蒸発し、その**気化熱**で内部を冷やせることを知っていて、利用していまし

た。また、砂漠では水分の多い果物を薄めに切って風にあて、ひんやりさせることが現代でも行われています。

現在はもっと、様々な方法で、加熱、冷却ができるようになっています。

体感ではなく温度の基準値が必要

図のように、体感は人によって違います。しかし、実験をする時、感覚だけで暑さ冷たさを判断していては意見の不一致が生じて困ります。温度の基準を求めた始まりは、昔の医者が人の体温を知りたかったからのようです。とはいえ、温度計と呼べるものを初めに考えたのは、空気が温度の違いで**膨張収縮**することを見いだしたガリレオでした。ガリレオは実験的な**空気温度計**という装置を作りました。一説にこれはイタリアの医者のS・サントーリオ（1561-1636年）の発明ともいわれています。温度計はすぐに医学で定量的な計

測に利用され、実用的な形、目盛りの決定につながっていきました。

温度計で温度が測れるわけ

冷たい湯飲みに湯を入れると、やがて湯飲みごと温かくなります。冷たい湯のみが温まり、お湯は少し冷めて同じ温度になったのです。これを**熱平衡**と呼びます。

この時、冷たい湯飲みが分厚く大きくて湯が少量だと、**平衡状態**になった時の温度は低くなります。逆に薄い湯飲みにたっぷりのお湯だと持ち上げるのが大変なくらい湯飲みが熱くなり、お湯もあまり冷めません。

温度計も測りたい物との間に熱平衡が生じることで、温度を測っています。温度計は細く、例えば大気などのように、測りたい物の方が温度計の温度の影響を受けないくらい大きいので、測りたい物の温度は変わらずに、温度計はそのものの温度を示すことになります。

一方、温度計によって、相手の温度が大きく影響を受けてしまうくらい少量の物は測ることができません。例えば、小さい水滴の水温は普通の温度計では測れません。

物質ごとに違う融解と沸騰の温度

物質が溶ける温度、沸騰する温度はそれぞれ物質ごとに決まっています。このことが特に水についてはっきりわかってきてから、これを温度計の基準にしようと考える人が増えました。

〈温度の単位〉

	ケルビン温度	セルシウス度	ファーレンハイト度
絶対零度	0	− 273.15	− 459.67
ファーレンハイトの寒剤*	255.37	− 17.78	0
水の融点（標準状態下）＊＊	273.15	0	32
地球表面の平均気温	288	15	59
人間の平均体温	309.95	36.8	98.24
水の沸点（標準状態下）＊＊	373.15	100	212
太陽の表面温度	5800	5526	9980

*冷却用の混合した薬品を使用　＊＊大気圧が１気圧の場所で

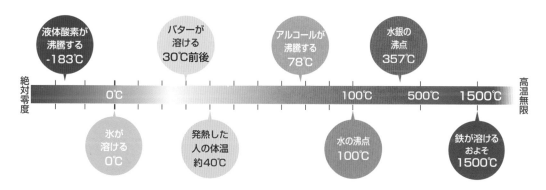

温度の基準点として、低い方は氷点や氷結時の空気の温度などでしたが、高い方は「自分の手を我慢して入れていられる湯の最高温度」や「牛、または鹿の体温」、「バターが溶ける温度」「人の血液の温度」などが様々に考えられました

「温度計」発展の歴史

空気の膨張収縮を利用

1590年代 ガリレオ温度計（S・サントーリオらの発明とも）

↓

1600年代初頭 S・サントーリオが医療用口内体温計を発明する

1615年 ジョバンニ・フランチェスコ・サグレド（1571-1620年、イタリアの科学者・数学者、ガリレオの友人）がガリレオ温度計を改良して目盛りをつけ、携帯用体温計も考えた

空気は気圧に左右されることから、液体を用いるようになる

1654年 トスカーナ大公フェルディナンド2世（p.42）が閉管ガラスにアルコール利用。最古の温度観測記録を残す。2つの基準温度を選び、その間を等分にする方法で目盛りを考える

↓

1659年 イスマイル・ブリオ（1605-1694年、フランスの天文学者・数学者 王立協会に外国人として最初に選出されたひとり）が目盛りのある温度計で2年間の温度観測記録を残す

1665年にホイヘンス（p.66）が沸騰している水の温度は一定であることを明らかにする

1694年 カルロ・レナルディーニ（1615-1698年、イタリアの物理・数学者 アカデミア・デル・チメント正会員）が水の**融点**、**沸点**を基準温度とする

↓

1700年頃 ニュートン（p.32・64）が、氷が融解する温度を0度とし、水が沸騰するときの温度を33度とした

1702年 オーレ・クリステンセン・レーマー（1644-1710年、デンマークの天文学者・数学者 光速の値を算出）が塩水の凝固点を0度としたが、後に水の**凝固点**を7.5度とし、沸点を60度とした
ギョーム・アモントン（1663-1705年、フランスの物理学者 温度などの研究）が**絶対零度**の概念を提示

↓

1724年 G・D・ファーレンハイト（p.45）が液柱改良、**アルコール温度計**、**水銀温度計**を作る。華氏目盛りを提唱

↓

1742年 セルシウス（p.44）が水銀を利用した温度計で摂氏目盛り（0と100が今とは逆）を提唱

↓

1768年 平賀源内（p.45）がオランダ伝来の温度計を模倣、華氏目盛りと、「極寒、寒、冷、平、暖、暑、極暑」を加え、寒熱昇降器と名付ける

↓

1848年 ケルヴィン卿（p.46）により**絶対温度（ケルヴィン温度）**の概念が確立

↓

1871年 E・ヴェルナー・フォン・ジーメンス（1816-1892年、ドイツの発明家・電気工学）が金属の電気抵抗と温度の関係を利用した温度計、**抵抗温度計**を開発

↓

1886年 ル・シャトリエ（1850-1936年、フランスの化学者、冶金や燃焼の研究者）、ゼーベック（1770-1831年、ドイツの物理学者）が発見した2種類の金属を接合した回路で、温度差を用いて起電力を発生できる効果を利用、起電力を測定して温度差を知る**熱電対温度計**を開発

5 熱力学

ワット
(1736–1819年)

蒸気機関の改良を通して熱力学の基礎を築く

カルノー
(1796–1832年)

熱による運動の理論を確立

ジュール
(1818–1889年)

熱とエネルギーの関係を解明し、熱力学を確立

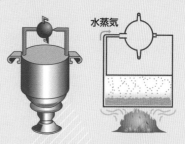

水蒸気

現代のタービンの原型、「エオリピル」。明治大学経営学部佐野研究室がヘロンの考案図を元に再現した図を参考にした

熱力学は、技術との連携で発展

　熱力学の研究は、熱を動力として役立てる熱機関に始まります。水は水蒸気になると体積が増大します。ギリシャ時代、ヘロン（紀元前1世紀頃〈生没年未詳〉、数学・物理学者）は、この性質を利用して物を動かすことを考えました。「エオリピル」という玩具で（上図）球の中で発生させた蒸気が中空の腕から抜け出て、球を回転させる仕掛けでした。現代のタービンの原型といえます。

　17世紀になると真空ポンプが作られ、それに触発されて、気体の圧力と体積の関係を探る研究が進みました。さらに、温度計の発達によって温度との関係が明らかにされ、今日でも用いられる重要な法則が見いだされました。その成果の活用も盛んになり、18世紀には蒸気を利用して、人や動物以上の大きな動力を得る蒸気機関がニューコメンによって考え出されました。**ワット**はそれを改良する過程で熱力学の理論を確立し、**産業革命**や

交通革命で社会を大きく変えました。今日でも火力や地熱の発電所のタービンは、蒸気を吹きつけ羽根車が回転し発電機を回しています。

　そして、熱機関の効率を高めるために熱力学の理論の発展に寄与したのが**カルノー**と**ジュール**です。つまり、理論と技術が見事にかみ合ってどちらも発展しました。しかしそれ故に熱力学は、研究そのものを目的とする物理の他の分野よりも軽んじられる傾向が当時あり、そして今もあるのは、たいへん残念なことです。

　ここでは、あえて熱力学の実学に関与した3人を取り上げ、その考え方、方法論が「純粋な物理学」と何ら劣るものではないことを伝えたいと思います。今日では、熱現象は分子や原子の運動で説明されることが主流になっています。しかし彼らは、まだ分子の存在そのものが確かめられていない時代に、目に見える変化である圧力、体積、温度の関係を深く考察して熱力学を確立させていったのです。

ワット

ジェイムズ・ワット（1736−1819年）／イギリス

スコットランドに生まれ、造船、建設業を営む父親から大きな影響を受けました。技術者になりましたが、グラスゴー大学内に工作所を持ち、教授との親交によって科学的に蒸気機関の開発を進め、産業革命に大きく寄与しました。王立協会の会員や、グラスゴー大学の法学博士など多くの栄誉のうちに生涯を終えました。

蒸気機関の改良を通して熱力学の基礎を築く

蒸気の無駄遣い省き、効率化

ワットは、グラスゴー大学で講義に使われるニューコメン（1663-1729年）の蒸気機関の模型の修理を依頼された際、蒸気を無駄に使いすぎることに気づき、改善しようと考えました。蒸気の性質を調べ、その結果、蒸気を凝結させるためにシリンダを冷やすことが無駄の原因であることをつきとめました。この発見について朝永振一郎（1906-1979年）は、著書の中で「ワットがただの商人でなかったことを如実に示している」と書いています。

ニューコメンの蒸気機関
ドーム型のボイラ内の蒸気が、その上のシリンダに入り、シリンダ上部のピストンが上下して動力を得る

イギリス・ロンドンのサイエンスミュージアムに展示されているワットの蒸気機関

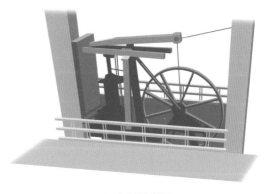

ワットの蒸気機関

ワットの改良案

　ワットはこの問題を解決するために、蒸気の復水器とシリンダを別々にすることを思いつきました。これで、シリンダは高温を保つことができ、効率は飛躍的に良くなりました。

　その後、蒸気機関の開発を続け、その過程で、熱によって動力を得る熱機関について次のことを見いだしました。

---

1. 熱機関は、「炉」と「冷却器」および「そのいずれの間も自由に行き来する作業物質（通常、水）」の3要素によって成立すること
2. **仕事**を生むためには高温（炉）だけでなく低温（冷却器）も必要なこと
3. 仕事は作業物質の体積変化によって生じること

　ここでいう仕事とは、熱で動力を得ることですが、今日では、仕事は**エネルギー**の変換量を表す物理量です（p.57）。エネルギーには光や熱、電気など様々な形態があり、共通の単位を設定することは困難です。そこで、あるエネルギーが他の形態のエネルギーに変わる時、その変換量を物を動かすという力学的な物理量で定義します。それが仕事です。

イギリスの技術者トレヴィシック（1771–1833年）発明の蒸気機関車、「Catch Me Who Can(誰か私をつかまえてごらん号)」の再現図

(((波及効果)))

　ワットは、機関の性能を比較するために、実際に馬が荷物を引く時に出す力、移動距離、かかった時間から平均的な値を求めて、あいまいだった「馬力」の定義を、1分間に33000フィート・ポンド（約4500kgf/m）＊としました。これにちなんで**仕事率**の単位はワット〔W〕とされました。日本の計量法では、1馬力を735.5〔W〕としています。

　ワットが見いだした3点は、次ページで登場するカルノーによって理論化されました。カルノーは自身の著書で、「ワットは蒸気機関のほとんどすべての偉大な改良をやりとげ、今日なお超えるのが困難なまでに機関を完成させた人物である」と述べています。

＊ kgf　kgf＝kgw＝重量キログラム。重さ及び力の単位

こぼれ話

散歩中に改良案を思いつく

　ワットがニューコメンの蒸気機関を改良する考えを思いついた時のことを、次のように語っています。

　「ある晴れた安息日の午後、私は散歩に出かけた。シャロット通りの下手にある出入り門から、共有草地に入り、古い洗濯小屋の傍らを通り過ぎた。私はずっと蒸気機関のことを考えていて、牧畜小屋の所まで来ていた。ちょうどその時だった。あの考えが頭に浮かんだ。それはこうだ。蒸気は弾性体だから、真空内へ殺到しよう。そこでもしシリンダーと排気器とが連結されれば、蒸気はそこへ殺到し、シリンダーを冷却しなくても、そこで凝結するかもしれない」

カルノー

ニコラ・レオナール・サディ・カルノー（1796−1832年）／フランス

パリに生まれ、父親はナポレオンと盛衰をともにした政治家、軍人で、科学技術者でもありました。エコールポリテクニークに入学して、熱による運動の研究を進めましたが、1832年当時流行していたコレラにかかり36歳で亡くなりました。コレラで亡くなったということで、研究成果の書類のほとんどは焼却されました。

熱による運動の理論を確立

評価されなかったカルノーの原理

1815年にナポレオンが失脚して、イギリスとの国交が回復すると、フランスにも、ワットによって改良が進んだイギリスの蒸気機関の情報が入ってきました。カルノーは、熱機関の効率の向上のため、その本質を追究し『火の動力について』（右）を1824年に発表しました。しかし当時は、この論文は技術上の問題を扱うものとされ、学会の関心をほとんど引くこ

金沢工業大学ライブラリーセンター所蔵

となく忘れられました。

カルノーの研究は「熱による運動の算出という現象は、今日に至るまで一般的な観点からは十分考察されていない」という当時の現状を憂うことに始まりました。ワットなどの蒸気機関の分析から「熱の最大動力は、それを取り出すために使われる作業物質によらず、熱が移動する高温熱源と低温熱源の温度だけで決まる」という「カルノーの原理」を見いだしました。

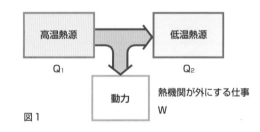

図1

こぼれ話

「永久機関」への夢によって発展した熱力学

何も供給しなくても動き続ける機械があったら、どんなに素敵なことでしょう。こんな機械を永久機関といいます。化学が錬金術によって発展したように、熱力学は永久機関への夢によって発展したという側面があります。しかし熱力学の2つの法則によって永久機関の作成は不可能であるとわかったのは皮肉なことです。

第二種永久機関（熱力学第二法則に反する機関）の例。温かい海水の熱で冷たいエンジンを動かし、スクリューを回す船を考えます。しかし、エンジンは摩擦熱などであっという間に温まり、低温熱源がなくなって船は止まってしまいます

熱機関「カルノーサイクル」

カルノーは、カルノーの原理の結論に至る考察のために、気体による理想的な熱機関（**カルノーサイクル**）を考えました。カルノーサイクルは次の4つの過程から成ります。

---

1. 等温膨張（温度が一定の状態で体積が増加する変化）により、高温 t_H に保たれた「熱源」から気体が熱を吸収する

2. 断熱膨張（熱の出入りがない状態で体積が増加する変化）により、気体の温度が t_L へ下がる

3. 等温圧縮（温度が一定の状態で体積を減少させる変化）により、低温 t_L に保たれた熱源へ気体が熱を棄てる

4. 断熱圧縮（熱の出入りがない状態で体積を減少させる変化）により、気体が初めの高温 t_H へ戻る

この一巡の間に、高温熱源から熱をもらい、低温物体にその熱の一部を捨て、膨張と圧縮によって外部に仕事をする熱機関の働きをします。このカルノーサイクルの図の青線で囲まれた部分は「圧力（力／面積）×体積」すなわち「力×距離」になることから、この面積が広いほど多くの仕事をすることになり、熱機関の効率は高温熱源の温度 t_H と低温熱源の t_L で決まることがわかりました。

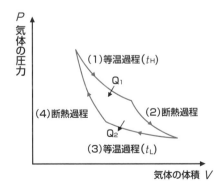

図2　カルノーサイクルの圧力と体積

熱効率には限界がある

さらにカルノーは、熱機関内の熱の流れを分析して、**熱効率**には最大値が存在すること、それが、必ず100％よりも小さくなることを証明しました。つまり、熱機関を用いて一定量の熱を力学的エネルギーに転化する時、得られる力学的エネルギーにはある決まった上限があり、この上限は熱機関に用いる物質が水・空気あるいは他のどんな物質であったとしても越えられないということです。この考えは後に「**熱力学の第二法則**」として定式化されます。

熱効率は今日では次のような式で求めます。

$$熱効率 = \frac{熱機関が外にする仕事}{高温熱源の熱量} \times 100$$

p.54の図1の記号を用いると

$$= \frac{W}{Q_1} \times 100$$
$$= \frac{Q_1 - Q_2}{Q_1} \times 100$$
$$= \left(1 - \frac{Q_2}{Q_1}\right) \times 100$$

$Q_2 = 0$ となれば熱効率は100％になりますが、そうすると高温熱源から低温熱源への熱の移動はなくなるので熱機関の働きもなくなります。したがって熱効率100％の熱機関は存在しないといえるのです。

(((**波及効果**)))

早世したこともあり、当時は全く評価されず忘れ去られる運命にあったカルノーを救ったのはエコールポリテクニークの同級生クラペイロンでした。彼は、1834年に発表した論文の中で、カルノーが言葉で説明した理論を数学的に表現しました。クラペイロンの論文は英語とドイツ語に翻訳され、ドイツ人のクラウジウス、イギリス人のトムソン（後のケルヴィン卿）に受け継がれ、ふたりは熱力学を大きく発展させていったのです。

ジュール

ジェイムズ・プレスコット・ジュール（1818–1889年）／イギリス

　イングランド北西部の裕福な醸造業者の家に生まれ、家庭教師について勉強しました。その家庭教師のひとりはドルトン（1766–1844）でした。ジュールは自宅を改造した実験室で、当時誰も実現できない精度の実験装置を作り、いくつもの法則を発見しました。熱力学の確立はジュールの財力のおかげといっても過言ではありません。

熱とエネルギーの関係を解明し、熱力学を確立

ジュールの法則を見いだす

　ジュールは、ファラデー（p.106）の影響を受け、定常電流によって導体内に発生する熱量を精密に測定しました。この時発生する熱は「ジュール熱」といいます。単位時間中に発生する熱量は、電流と電圧を掛け合わせたものになるという「ジュールの法則」を見いだしました。

熱とは、熱と仕事の関係は

　こうしてジュールは「熱とは何か」という問題に取り組むことになりました。熱は熱素といった物質ではなく、エネルギーの一種なのではないかとジュールは考えました。

　ジュールは下図のような装置を用いて、重りを持ち上げた高さや、水の温度上昇を繰り返し測定して、重りの位置エネルギーと水の温度を上昇させる熱量の関係を計算しました。その結果、4.2〔J〕（ジュール）の位置エネルギーが羽根車の回転という運動エネルギーに変わり、羽根車が回る仕事によって1〔cal〕（カロリー）の熱が発生することを導き出しました。1〔cal〕の熱が4.2〔J〕の仕事に相当するという比を熱の仕事当量といいます。

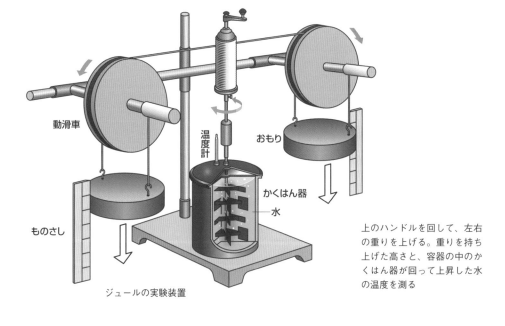

動滑車

温度計

おもり

かくはん器

水

ものさし

ジュールの実験装置

上のハンドルを回して、左右の重りを上げる。重りを持ち上げた高さと、容器の中のかくはん器が回って上昇した水の温度を測る

エネルギーと仕事の単位に

仕事から熱量への変換が常に一定であるというジュールの発見は、初めは当時の科学者には受け入れがたいものでした。その重要性はケルヴィン卿（p.46）によって評価され、エネルギー保存則となりました。また、ドイツのマイヤー（1814-1878年）もジュールと同じように「熱はエネルギーである」という考えを持っていましたが、どの雑誌も奇抜であるとしてマイヤーの論文の掲載を断り、論文が日の目を見たのは、ジュールが実験でこの考えが正しいことを示した後でした。この熱の仕事当量の発見が、「内部エネルギーの変化は、なされた仕事と出入りする熱量の和である」という**熱力学の第一法則**につながるのです。

ジュールは、その功績により、エネルギーと仕事の単位になりました。1〔J〕=1〔N・m〕です。

1〔N〕の力でその力の方向に1〔m〕移動させると1〔J〕の仕事をしたことになります。

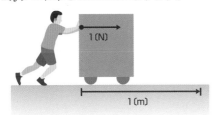

なお、熱量の単位はかつては〔cal〕が広く使われていました。1〔cal〕は水1〔g〕の温度を1〔℃〕上げるのに必要な熱量です。現在ではできるだけ使用しないこととされています。また、栄養学で用いられるCal（カロリー）は、1〔Cal〕= 1000〔cal〕ですが、まぎらわしいのでKcalと表すのが一般的になっています。

(((波及効果)))

ジュールは、ウィリアム・トムソン（通称ケルヴィン卿、p.46）と親交がありました。トムソンは圧縮した気体を急激に膨張させると気体の温度が下がると考え、ジュールに伝えました。ジュールは実際に実験を行って確かめ、この現象は「ジュール-トムソン効果」と呼ばれるようになりました。今日では液体窒素を作ることに応用されています。

液体窒素の原料は、窒素と酸素から成る空気です。空気を圧縮して急激に膨張させると、温度が下がる過程で、窒素より液化の温度が高い（-183℃）酸素が先に分離され、その後、液体窒素（-196℃）が得られます。

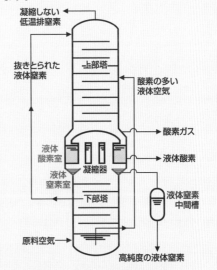

液体窒素を作る装置。下から原料空気を入れると、酸素と分かれた高純度の液体窒素だけが液体窒素室にたまり、右の中間槽に導かれる。（参考：川口液化ケミカル株式会社サイト）

熱力学の生い立ちを
見てみよう！

　熱力学という学問分野は、ボイル
に始まる気体の法則（圧力と体積と
温度の関係）の探究なくしては、生ま
れなかったといえます。

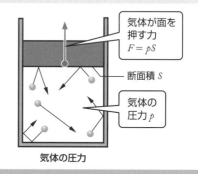
気体の圧力

気体の研究の上に生まれた分野

　1660年、ボイルは『空気のバネとその効果に関
する新しい物理学的・力学的実験』という論文に
おいて、空気にはバネのような性質があることを
示しています。そして、1662年に発表した改訂版
の論文で、あの有名な**ボイルの法則**、気体の体積
と圧力を掛け合わせた値は一定である（気体の体
積と圧力は反比例する）ことを明らかにしていま
す。

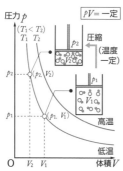
気体の圧力と体積の関係。ボイルの法則

　1802年、ゲイ・リュサックは「すべての気体
および蒸気は、その密度や量によらず熱の同一の
度合いの間で同様に膨張する」と結論付けていま
す。彼はシャルルの未発表のデータを用いたの
で、この法則を**シャルルの法則**と名付け、今日で
はこちらの名称が用いられています。

　ボイルの法則とシャルルの法則は合わせてボイ
ル・シャルルの法則と呼ばれます。

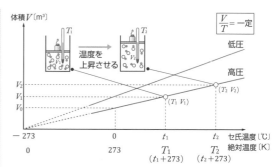
気体の圧力と体積の関係。シャルルの法則

熱の正体は分子レベルの運動

　一方、ニューコメンやワットによって蒸気機関
という技術が先行して発達していく中で、その効
率を考える上でも熱という概念が重要になりまし
た。初めは**熱素**（カロリック）という物質の出入
りが温度変化の原因であると考えられていまし
た。19世紀を目前にした頃、ランフォードは、大
砲の砲身を切り抜く時に摩擦により熱が発生する
ことから、熱は物質ではなく、熱現象は分子レベ
ルの運動によると提唱します。同じ頃デーヴィー
も、真空中の氷をこすり合わせるだけで溶けるこ
とから同様な主張をしました。

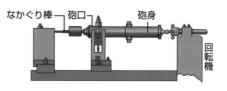
ランフォードが行った砲身を削る実験装置

熱は、今日では分子の運動で説明されます。水を例にすれば、固体の氷は分子同士がしっかり結び付きながらも静かに振動している状態です。氷を熱すると、分子の振動は次第に激しくなり、結び付きが途切れ途切れになった状態の液体の水になります。さらに熱を加え続けると分子が自由に飛び回っている状態の気体になります。

温度は分子の運動状態の激しさ、運動エネルギーの大きさを表すといえます。氷から水に変わる時、熱してもしばらく温度は変わりません。水から水蒸気になる時も同じです。熱は分子同士の結び付きを切るために使われるので、分子の運動エネルギーは変わらないのです。分子の結び付きがない気体になると、熱を加えるほど温度は上がっていきます。

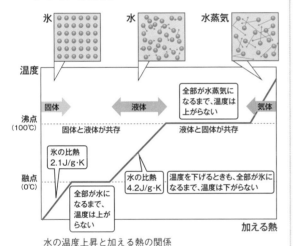

水の温度上昇と加える熱の関係

高温の物質と低温の物質を接触させておくとやがて同じ温度になることは、高温物質から低温物質に熱が移動したといえますが、分子の運動からも説明できます。接触した面で分子が衝突し合い、運動エネルギーをやりとりすると考えるのです。

熱を分子の運動で考えることから、熱と温度の関係も明らかになりました。温度は寒

分子の運動のモデル図

暖の目安だけではなく、分子の運動の激しさを表すと考えられるわけです。分子の運動の様子は目には見えませんが、温度が高ければ分子の運動は活発であり、温度が低くなるにつれ分子の運動は穏やかになっていって、やがてすべての分子が静止した状態が温度の下限になります。それは、それほど低くはなく－273℃です。この数値は、シャルルの法則のグラフを温度がマイナスの方向に伸ばすことで求められます。

熱力学の第一法則

ヘルムホルツ（1821-1894年）は1847年発表の論文で「永続的な動力を無から作り出すことは不可能である」ときっぱり永久機関を否定しました。その後、p.57のジュール、マイヤーの考えと相まって熱力学の第一法則が確立されたのです。

熱力学の第二法則

熱効率が100％の熱機関は存在しないというカルノーの考えを発展させ、1852年にケルヴィン卿は「**熱力学の第二法則**」を一般化しました。それは、自然界にはエネルギーの散逸、あるいは劣化に向かう普遍的傾向があるというものです。「熱力学の第二法則」は「熱に関する現象はすべて**不可逆変化**である」ということもできます。不可逆変化とは、ひとりでには逆に進まない変化のことです。

水中に拡散するインク

例えば、動いているものが摩擦によって熱が発生して止まることはありますが、止まっているものがひとりでに熱を吸収して動き出すことはありません。これを不可逆変化といいます。

動いているものは摩擦で止まる

止まっているものが、ひとりでに熱を吸収して動き出すことはない

新しい概念「エントロピー」の登場

無秩序と結び付いた概念

　熱力学は、気体の法則、「熱力学の第一法則」、「熱力学の第二法則」を柱として、今日では、圧力、体積、温度といった実際に観測できるマクロな世界と、分子の運動という目には見えないミクロな世界を、縦横無尽にかけめぐる実に面白い学問分野だといえます。

　そこに、また新しい概念が加わり、面白さを増しています。ケルヴィン卿の主張した熱力学の第二法則（熱に関する現象はすべて不可逆変化である）を支持すべく、1865年にクラウジウス（1822-1888年、ドイツの物理学者）は、**エントロピー**という新しい概念を導入しました。エントロピーは物理的に数式で定義されますが、無秩序と結び付いた概念ということができます。

　整然とした状態から、乱雑になっていく度合い、もしくは老化していく度合いと考えた方が近いかもしれません。エントロピーが増大すれば仕事に変わるエネルギーは小さくなります。エントロピー増大の法則は、すべての変化が不可逆であり、他からのエネルギーの投入がない限り乱雑になっていくことを示しています。

　誰かが片付けない限り部屋は散らかっていくばかりであることから、私たちはエントロピー増大の法則を実感することができます。エントロピー増大の法則に逆らって、エントロピーを下げるには、部屋を掃除する必要があります。

　物理を学んだ母親を持つ子どもは、「ママはエントロピーを下げる（「片付ける」という外からのエネルギーを投入する）ためにいるんじゃない！」と叱られるはめになります。

ホーキングと熱力学

　「車いすの天才」スティーヴン・ウィリアム・ホーキング（1942-2018年）は、「研究の結果、重力と熱力学との間には、予想もしなかった深いつながりがあることがわかり、あまり進展がないまま30年もの間論争の続いていたパラドックスが解消された」と遺作で語っています。

　ホーキングは、ブラックホールのエントロピーを表す式を考え、その式から、ブラックホールが「何でも飲み込んでしまう」のではなく、熱的放射があることを証明したのです。「この放射は、

ホーキング放射と呼ばれ、この発見をたいへん誇らしく思う」と同書で述べています。

2019年4月10日に発表されたブラックホールの画像

年表❷　熱力学発展に貢献した科学者たち

1590年代	ガリレオ・ガリレイ（1564-1642年）　空気温度計作成
1620年	フランシス・ベーコン（1561-1626年）　熱は運動であることを示す
1657-1667年	**トスカーナ大公フェルディナンド2世**（1610-1670年）が組織したアカデミア・デル・チメント（実験アカデミー）でアルコール温度計の製作と最古の温度観測記録。2つの基準

温度を選びその間を等分する

1660年	ロバート・ボイル（1627–1691年）　気体に関するボイルの法則。物体をたたくと温度が上がるのは、打撃によって物体の粒子が激しく動かされるからであると考えた
1665年	ロバート・フック（1635–1703年）　科学者ガッサンディ（1592–1655年）の原子論の復活の影響から、熱の分子運動説を提唱した
1700年	アイザック・ニュートン（1642–1727年）　温度の基準。雪解けを「0度」、沸点を「33度」とした
1712年	トーマス・ニューコメン（1663–1729年）　最初の実用的な大気圧揚水機関、蒸気機関を作る
1720年	ガブリエル・ダニエル・ファーレンハイト（1686–1736年）　温度計の華氏目盛りを考案
1730年	ルネ・アントワーヌ・フェルショール・ド・レオミュール（1683–1757年）　温度計のレオミュール度を考案
1742年	**アンデルス・セルシウス**（1701–1744年）　水の沸点を0度、水の氷点を100度とする目盛りを提唱
1950年頃	セルシウス温度の温度計目盛りを逆転させて沸点100℃に。製作者は、エクシュトレムや生物学者のリンネなどがそうしたといわれるが、不明
1760–1762年	ジョゼフ・ブラック（1728–1799年）　熱容量の概念、熱素カロリック潜熱の概念を考える
1765年	**ジェイムズ・ワット**（1736–1819年）　蒸気機関商品化
1768年	平賀源内（1728–1780年）　オランダ伝来の温度計を模倣。寒熱昇降器と名付ける
1788年	アントワーヌ・ローラン・ラヴォアジェ（1743–1794年）　近代的な元素の概念確立。熱素もそのひとつとした
1798年	ランフォード（1753–1814年）　本名ベンジャミン・トンプソン。熱の運動説を提唱
1799年	ハンフリー・デーヴィー（1778–1829年）　熱は物質ではないと主張
1802年	ジョゼフ・ルイ・ゲイ・リュサック（1778–1850年）　すべての気体および蒸気は、その密度や量によらず、熱の同一の度合いの間で同様に膨張する
1804年	リチャード・トレヴィシック（1771–1833年）　最初の蒸気機関車「Catch Me Who Can（誰か私をつかまえてごらん号）」を製作
1824年	**ニコラ・レオナール・サディ・カルノー**（1796–1832年）　熱力学におけるカルノーサイクルの概念
1840年	**ジェイムズ・プレスコット・ジュール**（1818–1889年）　ジュールの法則（電流の熱作用）
1842年	ユリウス・ロバート・フォン・マイヤー（1814–1878年）作業量と熱量が相当することを発見。エネルギー保存法則を提唱
1843年	**ジュール**　熱の仕事当量確定
1847年	ヘルマン・フォン・ヘルムホルツ（1821–1894年）　『力の保存について』エネルギー保存の法則（熱力学の第一法則）を提唱。「無から動力を取り出すことはできない」
1848年	**ウィリアム・トムソン・ケルヴィン卿**（1824–1907年）により絶対温度（ケルヴィン温度）の概念の確立
1849年	中村善右衛門（1806–1880年）　養蚕用の温度計を製造、販売
1850年	ルドルフ・クラウジウス　熱力学の第二法則を提唱。エントロピー概念の導入
1852年	**ケルヴィン卿**　「力学的エネルギーの散逸」
（1853年	ペリー　浦賀に来港）

どんな真実も、

発見してしまえばだれでも簡単に理解できる。

大切なのは発見することだ。

—— ガリレオ・ガリレイ

行きたいところを駆けめぐり、

一生、わが体を自由にするがもうけなり。

—— 平賀源内
(1728–1780年／日本で温度計を作成)

自然は飛躍して進まない。

—— カール・リンネ
(1707年–1778年／スウェーデンの生物学者。セルシウス目盛りの0と100を現在のようにしたとされる)

6 光その1（波としての探究）

ニュートン
（1642–1727年）

光について重要な発見を残した

ホイヘンス
（1629–1695年）

光の波動説の扉を開ける

ヤング
（1773–1829年）

光の波動説をゆるぎないものにする

聖火の採火

光や音は波のように動く波動現象

　光の様々な現象は、古くギリシャ時代から注目され、**光の直進、反射の法則**はこの頃からわかっていました。光の反射を利用して、凹面鏡を太陽に向けると発火することが、紀元前300年頃のユークリッドの著作にあるとされています。オリンピックの聖火の採火に使われるのは有名ですね。ユークリッド（前330頃–前260年頃／古代ギリシアの数学者、天文学者）は、光が集まる凹面の焦点について解明して、今日ではパラボラアンテナに利用され、焦点に受信機を置いて効率よく電波をキャッチしています。同じくギリシャのプトレマイオス（2世紀）は、光が水などに入って**屈折**する際の法則を見いだしました。

　8世紀頃には、ギリシャとインドの哲学と科学を吸収したアラビアが、知的リーダーであったと考えられています。アラビアのアルハゼン（965頃–1038年頃／イスラム圏の数学者、天文学者、物理学者、医学者）は、その名もずばり『**光学**』という本を残しています。彼は光学の諸原理の発見だけでなく、レンズや鏡を使った屈折や反射の実験方法を考案しました。今日、理科の実験で使われる光学水槽とほぼ同じものを発明し、プトレマイオスによる光の屈折の法則は誤っていると指摘しています。アルハゼンは、様々な曲面の鏡に反射する光について研究し、さらに太陽や月が地平線に近い位置で大きく見えるのは錯覚であるとし、理由も明らかにしました。

　時代は下って、万有引力で有名な**ニュートン**は白い光が七色の光の集まりであることを発見するなど、光の研究においても大きな功績を残します。さらに、光とは一体何かという問いに対して、彼は、粒であると考えました。それに対して**ホイヘンス**は波動現象であると考え、**ヤング**はその考えをゆるぎないものにしました。**粒か波か**、光の正体が明らかになるのは20世紀アインシュタインの登場を待たねばなりません。

ニュートン

アイザック・ニュートン（1642−1727年）／イギリス

力学の体系化、万有引力の法則の発見、微積分法、光学などの功績が有名ですが、神学の著書は物理学の著書よりも多いといわれています。また、錬金術の記録も多くあります。科学界の代表として政治にも関わり、造幣局長に就任後は、贋金作りの摘発に尽力し、紙幣を考案するなど、その知力を存分に生かした仕事ぶりでした。

光について重要な発見を残した

白い光は七色の集まり

ニュートンは、リンゴで有名な「万有引力の法則」で知られていますが、光についての思索も深めています。それは、1704年に出版された『光学』にまとめられています。彼は、それまでにも光についての研究の成果を発表してきましたが、いろいろ対立する関係にあったロバート・フックの死後に『光学』を出版しました。この本の序文には「私のねらいは、仮説によってではなく推論と実験によって光の性質を示し実証することです」と書かれています。

光に関するニュートンの研究のいちばんの成果は、太陽などの白い光が7色の光の集まりだということを実験的に確かめたことでした。ニュートンは、暗い部屋で小さな穴から入る光を**プリズム**という三角形のガラスを通して壁に投影して、何色かに分かれて広がることを観察しました。

光の正体は粒？　それとも波動？

ニュートンは、光の正体は粒であるととらえていました。光が反射したり屈折したりする現象は、弾丸のように飛んでいる光が粒であるから、その振る舞いで説明できると考えました。これを「光の粒子説」といいます。

しかし、フックをはじめ他の科学者は、光は波のような現象であると考えていました。これを「光の波動説」といいます。

ニュートンも、波動説が正しいのかもしれないという迷いはあったようです。実験で、平らなガラスの上に薄い凸レンズを置いて上から光を照らすと、リング状の模様が見えます。この現象について、ニュートンは詳細に実験して、粒子説では説明できないことを認めています（**ニュートンリング**）。

何より、ニュートンが波動説を受け入れられなかったいちばんの理由は、波動説では**光の直進性**

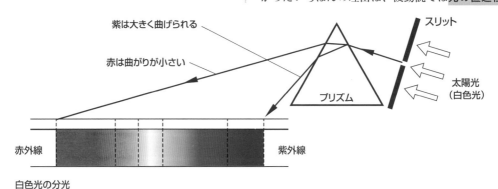

紫は大きく曲げられる
赤は曲がりが小さい
スリット
プリズム
太陽光（白色光）
赤外線
紫外線

白色光の分光

が明確に説明できなかったことにあります。そして、宿敵フックが波動説を支持していたことに対する反発もあって、粒子説を撤回するわけにはいかなかったのです。

　ニュートンが波動説を認めざるを得なかった現象が、ニュートンリングと名付けられていることは、皮肉なことです。

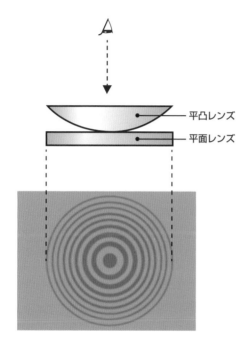

ニュートンリング。上から見ると凸レンズの下面と平面レンズの上面で反射した2つの光が干渉して、強め合ったところは明るく、弱め合ったところは暗くなります

（（（　波及効果　）））

　ニュートンの理論に対して100年後、ゲーテは『色彩論』を著し「人間の感覚としての色」を考えるべきであると真っ向から反論を唱えました。

　ニュートンが唱えた光の粒子説は、その後衰えてしまいますが、20世紀にはアインシュタインによって息を吹き返し、量子力学につながっていきます。

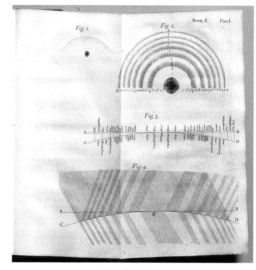

ニュートンの著書『光学』よりニュートンリングに関する図。金沢工業大学ライブラリーセンター所蔵

こぼれ話

ニュートンに捧げられた詩

　ニュートンの活躍は、詩人の心もとらえたようです。当時、ニュートンに捧げられた詩には、7色の光が登場します。

——はじめに燃えるような赤が、
生き生きと躍り出でる。つぎに黄橙色。
そして、かぐわしい黄色、そのそばには
あざやかな緑色のやわらかな光がある。
それから、秋の空に広がる澄んだ青がかろやかにおどる。
そして、さびしい色合いの深い藍色が現れた。
重くたれこめた夕闇が霜とともに訪れるときのように。
ついには、屈折光の最後のきらめきが
ほのかなすみれ色のなかに消えて行った。

　　（1727年　ジェイムズ・トムソン作）

ホイヘンス

クリスティアン・ホイヘンス（1629−1695年）／オランダ

　数学者、物理学者、天文学者。天文学における業績はすばらしく、自作の望遠鏡で土星の衛星タイタンを発見、土星の環の形状を確認し、オリオン大星雲の最初のスケッチを残しました。振り子時計やヒゲゼンマイ付きのテンプ時計の製作、等時曲線問題の解決、世界初の火薬を使った往復型エンジンの発明など研究は多方面にわたりました。

光の波動説の扉を開ける

光は弾丸のような粒ではない

　ホイヘンスは、ニュートンの粒子説に真っ向からいどむ光の理論を1678年に発表し、それを『光についての論考』という本にまとめ、1690年に出版しました。ホイヘンスは、異なる場所から出た光が、正反対の方向からやってきてぶつかっても、お互いに妨げることなくそのまま進んでいくことから、光はニュートンがいうような弾丸のような粒ではないと考えました。光の性質は、音や水面上の波の性質に似ているので、光は媒体の中を伝播していく振動であるとする光の波動説をとなえたのです。

ホイヘンスの原理

　ホイヘンスは実験からではなく理論的に考えることによってこの原理を確立しました。したがって、実験で見いだされる「法則」ではなく「原理」なのです。

　ホイヘンスは、光源から出た光が、それを伝えるものの中で丸く広がり、そこでできた球面の上の点が新たな光源となって、次々と広がると考えました。私たちが日常見る光の現象、反射や屈折などは、ホイヘンスの考えで説明でき、今日でも「ホイヘンスの原理」として学習します。

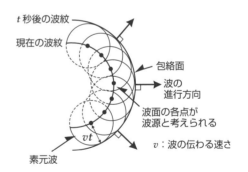

ホイヘンスの原理

> **こぼれ話**
>
> デカルトが予言していた、ホイヘンスの成功
>
> 　ホイヘンスのもっとも初期の数学定理を子細に検討したデカルト（p.14）は、ホイヘンスが将来大成すると予言していました。また、ホイヘンスは、フランスのルイ14世に説得されて、1666年から1681年までパリにとどまりました。ニュートンやライプニッツなどの同時代の偉人と同じように、ホイヘンスも結婚しませんでした。

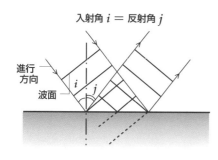

入射角 i ＝ 反射角 j

進行方向
波面

波の反射　反射の法則

$$\frac{\sin i}{\sin r} = n_{12} = \frac{v_1}{v_2} = \frac{\lambda_1}{\lambda_2}$$

n_{12}：媒質1に対する媒質2の屈折率

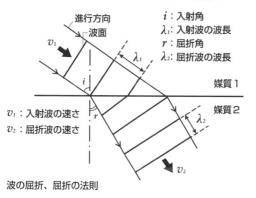

進行方向
波面

i：入射角
λ_1：入射波の波長
r：屈折角
λ_2：屈折波の波長

媒質1
媒質2

v_1：入射波の速さ
v_2：屈折波の速さ

波の屈折、屈折の法則

光は粒か？波か？

　ニュートン自身の粒子説か波動説かという迷いとはうらはらに、ニュートンは「神から遣わされた」とまで言われたカリスマ的存在であったために、粒子説が圧倒的に支持され波動説はおよそ100年の間、日の目を見ませんでした。このことは、ニュートン自身も不本意だったのではないでしょうか。ただし、ホイヘンスは偏光や回折という現象はよく知ってはいましたが、それらの現象を正しく説明するまでには至りませんでした。波動についてのホイヘンスの考えは、連続的な波ではなく単独の波にとどまり、本当の意味での波動説ではありませんでした。振動数、波長、周期といった観念は、全く持っていなかったからです。

（（（　波及効果　）））

　ホイヘンスの波動説は根強く残り、100年を経て、ヤングの干渉実験によってようやく日の目を見ました。

　ホイヘンスは著書『光についての論考』で次のように語っています。「この本を出発点にして、この謎を私よりも深く切り込んでいく人が現れることを、期待しています。この研究テーマはまだ探求されつくされていないのですから」ホイヘンスの思いは、少し時間はかかりましたが、着実に次の時代の科学者に受け継がれていきました。

ホイヘンス自作の望遠鏡による土星のスケッチ。2005年1月14日発見者にちなんでホイヘンスと名付けられた探査機は、土星の衛星タイタン着陸に成功し、画像や観測データが送信されました

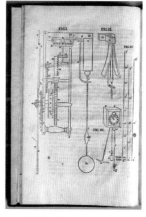

ホイヘンスの振り子時計。
金沢工業大学ライブラリーセンター所蔵

ヤング

トーマス・ヤング（1773–1829年）／イギリス

　物理学者。ロンドンで医学の勉強をして、開業しました。その後、王立研究所の自然学の教授になり、乱視や色の知覚などの視覚の研究から光学の研究に向かうことになります。また、弾性体力学の基本定数ヤング率に名前を残しています。他にエネルギー（energy）という用語を最初に用い、その概念を導入しました。

光の波動説をゆるぎないものにする

ヤングの干渉実験

　19世紀になり、波動説はトーマス・ヤングによってようやく息を吹き返しました。ヤングは、1つの光源から出た光が2つのすき間をすり抜けると、その先のスクリーン上で縞模様をなすことを発見しました。これは、水面でできる2つの波が重なった時にできる波の様子にそっくりです。すきまを出た光が広がり、スクリーンまで進む距離の差によって、光の波の山同士谷同士が重なったところは、波が大きくなり強い光になって明るくなります。光の波の山と谷が重なったところは、波の動きが打ち消されて暗くなります。このように、すき間を出た波がひろがる現象を回折、波が強め合ったり弱め合ったりする現象を**干渉**といいます。スクリーン上の縞模様は、光の波動説で見事説明ができますが、粒子説では説明できないことは明らかでした。

　ヤングの実験の優れた点は、1つの光源の光を2つに分けたことです。干渉させるためには2つの光の**位相**がそろっていることが重要です。位相とは、波が山や谷になるタイミングです。2つの光源を用いると位相が異なっていることが多く干渉はうまく起こりません。1つの光源の光を用いれば2つに分けても位相は同じなので、見事に干渉します。

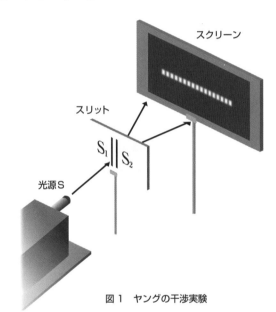

図1　ヤングの干渉実験

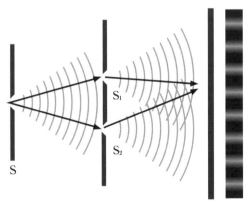

図2　ヤングの干渉実験説明図

　ヤングが行った「干渉」の実験。光源からの光を平行な2つのスリットに通すと、回折した2つの波が重なって強められる部分と、弱められ打ち消される部分ができる

波動説の勝利

　ヤングは、この成果を1801-03年に発表する際には、ニュートンも波動説に通じることを述べていたと先手を打って言及しておいたにもかかわらず、ニュートンの信望者からは猛烈な反発をくらいました。しかし、1818年フランスのフレネルが数学的に導き出した波動説を発表したことから、次第に波動説は受け入れられるようになり、19世紀半ばには、波動説の勝利はほぼ確定しました。

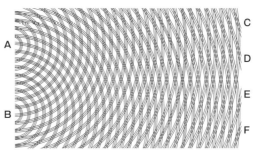

ヤングの原図を再現した。干渉の様子が右端の方から片目で斜めに見るとよくわかる

すき間の違いにより回折の度合いが変わります

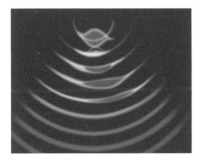

波長：すき間の幅＝1：1の場合

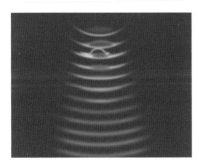

波長：すき間の幅＝1：4の場合

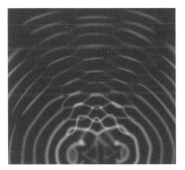

2つの波源から出た波の「干渉」

こぼれ話

言語の才能に恵まれたヤング

　ヤングは、13才の時には、ラテン語、ギリシャ語、フランス語、イタリア語が読めました。また、14才には独学で、ヘブライ語、カルデア語、シリア語、アラビア語、ペルシャ語、トルコ語、エチオピア語など多数の中近東の古代、近代語の勉強も始めました。

　このことは後年、ロゼッタストーンのエジプト象形文字の解読研究や、エジプトの研究において優れた業績を上げるもとになりました。

(((波及効果)))

　マクスウェルは、電気と磁気の関係から、電磁波（いわゆる電波）の発生の理論を数式で考え、その式から電磁波が伝わる速さを導き出しました。それが光速と一致したことから、光が電磁波の仲間であることが明らかになり、光の波動説は盤石なものになりました。しかし、光の正体の探究は、20世紀に入り、アインシュタイン（p.138）の登場で、驚くべき局面を迎えることになるのです。

不思議な光の現象について
身近な例から考えよう！

 光や音は、海や池などの波に似た振る舞いをするので波動現象と呼ばれます。波動現象を省略してただ「波」といったりもします。波はある1点の振動がその周囲に伝わる現象です。波の山から山までの距離を波長といいます。波が1回振動するのにかかる時間を周期、1秒間に振動する回数を振動数、振動の大きさを振幅といいます。

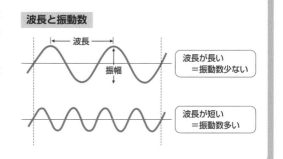

波長と振動数

波長が長い
＝振動数少ない

波長が短い
＝振動数多い

波形と基本用語

最初に振動した1点を波源といいます。光なら光源、音なら音源です。振動を伝えるものを媒質といいます。水の波の媒質はもちろん水ですし、音の媒質は主に気体である空気ですが、固体や液体の中も伝わります。

光の媒質は何なのでしょうか。このことは、物理の世界では大きな大きな問題でした。そして、この問題への解決の道のりによって、物理の世界は新たな局面を迎えたのです。しかし、その話題は13章「光その2(波と粒子の二重性)」に譲ることとして、ここでは日常の楽しい光の世界をご案内しましょう。

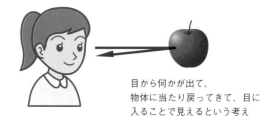

目から何かが出て、
物体に当たり戻ってきて、目に
入ることで見えるという考え

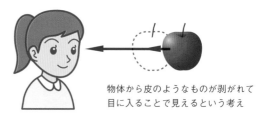

物体から皮のようなものが剥がれて
目に入ることで見えるという考え

図1　古代の人の考え

見えるということは…

光は光源から出て目に届くと「見えた」ということになります。けれども、自ら光っていないものも見えます。そのメカニズムについて大昔の人は、今からすると笑ってしまうような考えを持っていました（図1）。「見える」ということについて、初めて科学的な説明をしたのがアルハゼン（図2）です。

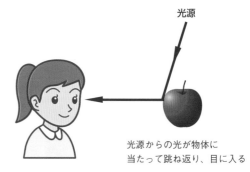

光源

光源からの光が物体に
当たって跳ね返り、目に入る

図2　アルハゼンの考え

光の反射と屈折

光は**反射**したり**屈折**したりして、私たちを楽しませてくれます。

反射は、鏡やよく磨かれた金属面、水面などで観察することができます。屈折は、光が水やガラスなどの透明な物質に入ったり出たりする時にわかります。

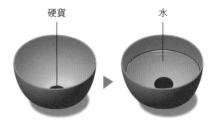

光の屈折
水を入れると底の硬貨が見えるようになります

光の屈折現象のひとつ、虹

虹は、光の現象の中でも、いちばん不思議なものです。雨上がり、まだ空気中に雨粒が残っている時、太陽を背にすると、太陽の光は前方の雨粒の中で屈折して目に届きます。光は色によって屈折の具合が異なるので7色に見えるのです。た

だ、光の色の区別は明確なものではなく、7色としたのはニュートンが神秘性を持たせるためです。したがって虹の色は、2色から8色と国や民族によってバラバラです。日本でも古来は沖縄地方では2色、他の地方では5色だったようです。

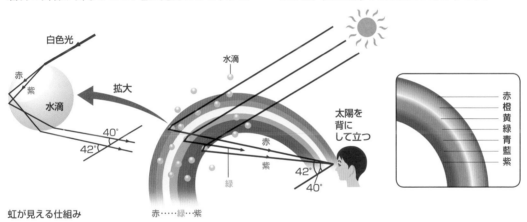

白色光
赤
紫
水滴
拡大
水滴
40°
42°
太陽を背にして立つ
赤
緑
紫
42°
40°

赤
橙
黄
緑
青
藍
紫

虹が見える仕組み　　赤……緑…紫

空の青さと夕焼けの赤さ

太陽の光のうち、青い光は波長が小さいので大気中の空気の分子やチリやほこりに出会うと容易にその進路を曲げてしまいます。したがって、空いっぱいに広がった青い光が目に入り、空は青く見えます。夕方になると太陽の高度は低くなり、光が目まで届くにはぶ厚い大気中を進まねばなりません。進む間に波長の短い色の光は**散乱**され、波長の長い赤の光は、空気の分子やチリやほこりの間を抜けて目に到達するので、夕焼けは赤く見えるのです。

太陽
赤
青
大気
夕方
夜
昼
地球

光の散乱と空の色

光がすべて反射される全反射とは？

光ファイバーとシロクマの毛

　光が進む時には、空気と水、空気とガラスのような境界面で反射と屈折が起こります。しかし、水やガラスの中の光が、空気中に向かって進んでもすべて反射されてしまうことがあります。この現象は光の屈折角が90度を超えた場合に起こる現象で、**全反射**といいます。

　光ファイバーはこの現象を利用したものです。

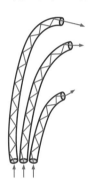

光ファイバー。管を通る光が、下から上に向かって全反射を繰り返し起こすことで、パイプのように束ねられた光になります

①入射角が臨界角より小さい場合は
　反射と屈折が起こる

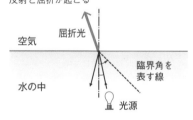

②入射角が臨界角になると屈折角は90度になる

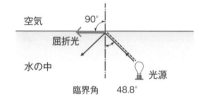

③入射角が臨界角を超えると全反射が起こる

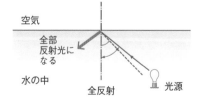

　一方、シロクマも光の全反射をうまく利用した体の仕組みを持っています。

　シロクマの毛はストローのような中空になっています。北極の弱い太陽の光を確実に皮膚に届けるために、毛の中で全反射を繰り返すためです。シロクマの皮膚の色は太陽の暖かさを吸収するために黒なのです。ただ、動物園では緑色のシロクマを見かけることがあります。中空のところに藻が繁殖することがあるからです。

ストロー状の穴

シロクマの毛

黒　皮膚

7 音

フーリエ
(1768-1830年)

波動を解き明かす「フーリエ展開」を考えた

ドップラー
(1803-1853年)

音の聞こえ方の変化を科学的に説明した

音波
空気の振動が
伝わる

マッハ
(1838-1916年)

音速を超えると生じる「衝撃波」を実験で証明

音の研究はそれだけにとどまらない

　物理という学問は、物体の運動など、客観的に観察できるものを対象にしています。けれども、音は、私たちの耳に届いて“音”と認識されて初めて“音”といえる、つまり、聞こえてこその“音”です。したがって、私たちにとっては聞こえる音の世界がすべてで、聞き取れない音は、単なる振動にすぎません。音源、例えば大太鼓の革が振動すると、周りの空気を押し縮めたり広げたりして振動が伝わります。この空気の振動が耳の鼓膜まで届いて鼓膜を振動させると“聞こえた”ということになります。

　空気中を進む音の速さ（音速）を初めて測定したのは、フランスの数学者マラン・メルセンヌです。1640年頃、メルセンヌは、ある距離の間を反響が音源まで返ってくる時間を計り、空気中の**音速**を秒速316mとしました。これが最初の空気中の音速の測定とされています。

　1660年頃には、イタリアのボレルリとヴィヴィアーニが、大砲の音が観測者に届くまでの時間を元にして、より正確な音速の測定法を考え出しました。さらに、1708年、イギリスのウィリアム・ダーラムがこの方法をさらに精密なものにし、風の効果も計算に入れました。彼は測定を繰り返し、その結果を平均して、気温20度で毎秒343mという、今日の理論値（毎秒343.5m）に近い測定値を得ています。

　音の理論的な研究成果は、他の分野で役立っていることが大きな特徴といえます。フーリエは、どんな複雑な音の振動も単純な振動の組み合わせであると考え、フーリエ解析という数学の重要な手法になっています。ドップラーは音源が移動すると音の高さが変わる現象について分析しました。この現象は、いろいろなレーダーに応用されています。マッハは音速よりも速く移動する際生じる**衝撃波**について理論を見いだしました。この理論によって**超音速**の飛行機の開発が進みました。

フーリエ

ジャン・バプティスト・ジョゼフ・フーリエ（1768–1830年）／フランス

フランスで仕立屋の第9子として生まれ、10歳で父を亡くしましたが、修道会で高等教育を受けることができました。フランス革命後パリの高等師範学校で学び、エコールポリテクニークの教授となりました。エジプトの考古学調査に加わった後、ナポレオンに県知事に任命され、その職務の合間に数学や物理の研究を続けました。

波動を解き明かす「フーリエ展開」を考えた

有名な「フーリエ展開」とは？

フーリエは、熱伝導の研究において「熱の解析的理論」という本を発表しています。この本でフーリエは、熱伝導の方程式を解くにあたって、グラフにすると複雑に見える関数でも、いくつかの周期関数（ある周期で繰り返される関数）に分解することができ、逆に周期関数を重ね合わせることで、どんな複雑な関数も表すことができるという考えを用いました。この考えを「フーリエ展開」といいます。

「フーリエ展開」を、波動現象である音にあてはめて考えると、バイオリンや人の声のような複雑な音も、より簡単で規則的な波に分解できるということになります。また、波動現象では、2つの波が出あって重なった時に、出あったところの波の大きさは、それぞれの波の単独の大きさを足したものであるという「波の重ね合わせの原理」があります。あるいは、波は重なり合っても、互いに他の波の進行を妨げたり影響を与えたりすることはない「波の独立性」という性質もあります。

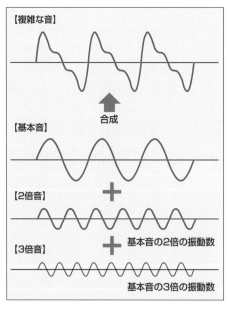

波の重ね合わせ

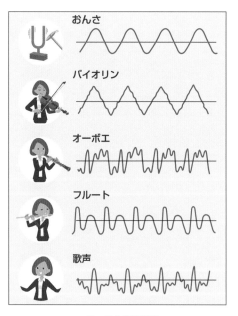

いろいろな音の波形

フーリエ展開で音の合成が可能に

これらのことから「フーリエ展開」は特に音の分野において、電子楽器という画期的な楽器の開発に貢献しました。

電子楽器の作成には、まず一般の楽器や動物の鳴き声をサンプリングし、その波形を「フーリエ展開」します。そして、今度は逆の手順で、展開した波形を合成して、もとの音を再現することができるようにします。これが電子楽器です。

(((波及効果)))

フーリエ展開や、それを発展させたフーリエ変換は、電磁気学におけるマクスウェルの方程式（p.108）や、量子力学におけるシュレーディンガーの波動方程式（p.152）などを解くための最も有効な手段となりました。フーリエ展開とフーリエ変換を合わせて**フーリエ解析**といいます。フーリエ解析による現代科学の発展への寄与は極めて大きいといえます。

こぼれ話

「温室効果」を発表したフーリエ

太陽光が地球に降り注ぐエネルギー量は、すでに1830年代に見積もられ、温度に換算すると地球の平均気温はおよそ－18℃程度になり、現実の値よりはるかに低いことがわかりました。このことは、物理学者にとっては興味深い問題でした。

この謎に取り組んだ先駆者がフーリエです。彼は、熱伝導式やフーリエ解析を駆使し1824年地表から宇宙に逃げていく熱について、大気はあたかも温室のガラスのような役割を果たしているのではないかと論じた「温室効果」を発表

しました。

もっとも当時は「温室効果ガス」についての知見にまでは至りませんでした。1860年頃、ティンダルは二酸化炭素が赤外線を吸収することを発見しました。彼は「ティンダル現象」の発見でも有名です。そして1896年アレニウスは、大気圏での赤外線観測をもとにして二酸化炭素と温室効果の関連性を指摘しました。いわゆる温暖化ガスという概念の生みの親ということになります。

1980年末になって気象変動が注目されるようになると、彼らの発見は、科学にとどまらず環境問題の研究に貢献することとなりました。

温室効果ガスの様子

ドップラー

クリスティアン・ヨハン・ドップラー（1803−1853年）／オーストリア

ザルツブルク生まれ。王立工科研究所（現ウィーン工科大学）で物理学と数学を学び、プラハ工科大学（現チェコ工科大学）で教授となりました。1842年星が地球に近づくか遠ざかるかで色が変わることを発表しました。この現象は「ドップラー効果」と呼ばれ、翌1843年音波で検証されました。遺伝法則で知られるメンデルは教え子です。

音の聞こえ方の変化を科学的に説明した

救急車のサイレンの音が変わる？

サイレンを鳴らしている救急車とすれちがうと、サイレンの音が調子っぱずれのように感じることがあります。これは気のせいではなく、実際に聞こえるサイレンの音の高さが変化するのです。

救急車のように、音源が移動して観測者に近づく時、観測者に届く音波は波長が短くなり、振動数が増します。そのため、観測者には本来の音よりも高い音が届きます。

逆に、音源が観測者から遠ざかる時には、波長が長くなり振動数が減るため、観測者には低い音が聞こえます。これを**ドップラー効果**といいます。

波源が動くことによる振動数の変化であるドップラー効果は、光でも音でも観測されます。ドップラーが当初観測した星の色は、振動数の変化が光の色の変化になったのです。

ただ、音については聞こえ方の変化は、ドップラー効果による音の高低だけではなく、実際には音のボリュームの大小も関係しています。音源が近づくと音が大きくなり、遠ざかると小さくなるからです。

ドップラー効果は、音源が動かず、観測者が動く場合も、また音源も観測者も両方動く場合も観測されます。

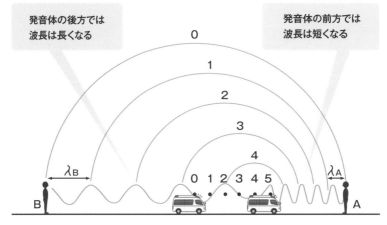

発音体の後方では波長は長くなる

発音体の前方では波長は短くなる

観測者は静止していて音源が動く場合のドップラー効果

遠い星ほど赤くなる「赤方偏移」

ドップラー効果は光でも起こります。光の色は振動数で決まるので、星の動きはその色の変化で知ることができます。地球から遠ざかっていく星からの光は、ドップラー効果によって振動数が減り赤に偏ります。これを**赤方偏移**といい、ハッブルは遠方の星ほど赤方偏移が大きいことを見いだし、**ハッブルの法則**としました。この発見は、宇宙の始まり、ビッグバン理論の扉を開きました。

「赤方偏移」

離れる光源

「青方偏移」

近づく光源

遠ざかっている銀河系の星々

こぼれ話

楽器の演奏で確かめられたドップラー効果

ドップラー効果は驚くような方法で確かめられました。列車に楽器奏者が乗って同じ高さの音を出し続け、正確に音程がわかる音楽家が地上で音の高さの変化を聞き分けるというものです。列車の速さを変えたり、近づく場合と遠ざかる場合を比べたりした結果、ドップラー効果は見事実証されました。

(((波及効果)))

ドップラー効果を用いて開発されたものに**ドップラーレーダー**があります。観測対象に向けて電波を送り、送った電波の周波数（電波の場合、振動数を周波数といいます）と跳ね返ってきた電波の周波数の違いから、ドップラー効果の理論によって、観測対象がどのくらいの速さで、近づいているのかまたは遠ざかっているのかがわかる仕組みになっています。

空に向けると、ドップラーレーダーによって雲内部の水の移動速度を観測することができます。すると、風の挙動がわかり雨雲の動きを知ることができるので、気象観測に多く用いられます。同様に竜巻の対策を立てることもできます。

プロ野球選手の球速を測るスピードガンもドップラーレーダーになります。

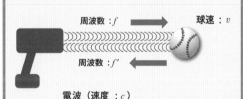

周波数：f　　球速：v
周波数：f'
電波（速度：c）

$$v = \frac{f' - f}{f' + f} c$$

スピードガンを使う時には、飛んでくるボールに向けて電波を送ります。送った電波の周波数と、ボールに反射して返ってくる電波の周波数はドップラー効果により変化します。その変化から球速を算出できるのです。

マッハ

エルンスト・マッハ（1838–1916）／オーストリア

現在のチェコ共和国にあるモラビア地方で生まれました。父親が教師であったことから14歳まで学校には行かず、父親から語学や歴史、数学を学びました。15歳で学校に編入し1855年ウィーン大学に入学しました。長じて、グラーツ大学、プラハ大学で教授職を務めました。

音速を超えると生じる「衝撃波」を実験で証明

衝撃波の撮影に成功

マッハは空気や水のような流体の研究を進める中で、空気中を進む物体の速さが音速を超えた時に、**衝撃波**という波が発生することを発見し、写真に撮りました。

ドップラー効果でお話ししましたが（p.76）、点の波源があって、波源が静止している時は図1のように円を成して広がっていきますが、動いていくと前方では波長が短くなり、後方では長くなります。もしも波源の速さが図3のように波の速さよりも大きくなると、波の山とそれに続く谷が重なって、互いに打ち消し合ってしまいます。けれども、波面の共通接線だけは例外で、この線上で強め合ってしまいます。その結果、図4や船の航跡の図のように、移動する波源からくさびのように強め合う線が伸びていきます。この強め合う線が衝撃波の正体です。

マッハは、衝撃波の波面の角度（マッハ角といいます）と、物体の速度、音速とで表される関係を見いだしました。音速を超えるということは、音が空気中を伝わる前に音を出す物体がやってくるということですから、空気が強く押され衝撃波が生まれます。衝撃波は強い破壊力を持ち、超音速の飛行機による衝撃波が地上に届き、家のガラス窓が割れるということも起こっています。

図1
波源が停止している
場合

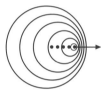

図2
波源が動く場合

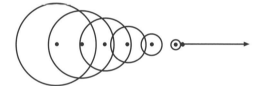

図3

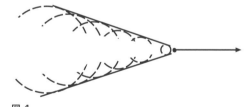

図4
波源が波の伝わる速さより速く動く場合

船の航跡

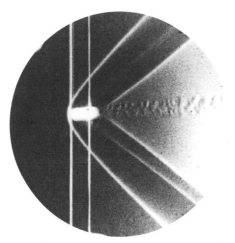

1887年、マッハによって撮影された衝撃波の写真

音速の単位は「マッハ」

マッハの業績から、その名前が、音速を「1」とする速さの単位に使われています。空気中を進む音の速さは気温によって変わりますが、およそ340〔m/s〕でマッハ1、680〔m/s〕はマッハ2ということになります。マッハ1は時速1224kmです。

イギリスとフランスが共同開発した超音速旅客機コンコルドは、1969年3月に初飛行に成功し、その後の発展が期待されましたが、騒音や採算の問題から2003年に運航は終了しました。

(((波及効果)))

第二次世界大戦中、飛行機の飛行速度が音速に近づくにつれて墜落する事故が相次ぎ、この問題の解決は、大戦後、各国の航空学における最も重要な目標のひとつでした。各国の研究によって、飛行機の出す音の速さに飛行機自体が近づくと、圧縮された空気の強固な壁である衝撃波ができて、それにぶつかることが原因であるとわかると、音速を一気に超える超音速機の開発が進みました。

音速の壁を最初に破ったのは、アメリカのイーガー大尉です。1947年10月14日、イーガー大尉は、ロケットエンジンを搭載した飛行機で音速を超えた飛行に成功しました。

こぼれ話

「マッハ主義」と呼ばれるマッハの姿勢

マッハは観察することについて、観察した「もの」がそこにあるとは絶対にいえない、あくまで観察した人の感覚でとらえたことにすぎないと考えました。さらに、観察ができないものは実際に存在するとはいえないからと、原子や分子の存在を認めませんでした。ボルツマン（1844-1906年）は、熱や温度を原子や分子の運動で説明しましたが、マッハはそれを否定し、エネルギーで考えようとしました。

マッハは、アインシュタインの相対性理論も認めようとしませんでした。今日では、原子論も相対性理論もゆるぎないものとなっていますが、批判したマッハの役割は、科学的な思想において大きいものがあります。

マッハの「力学の形而上学的あいまいさに反対する」という姿勢は「マッハ主義」と呼ばれます。運動について、絶対的な基準があるとしたニュートンの考えに対して、相対的なものでしかないとマッハは考えたのです。マッハは、その深い思索から、晩年はウィーン大学の哲学教授となりました。

音の性質について身近な例から考えよう！

私たちの日常はいろいろな音であふれています。大きな音、小さな音、危険を知らせる音、動物の鳴き声など……。これらの音を科学的に説明すると、3つの要素が関係しています。

音の3要素は、高さ、強さ、音色

私たちは、ある音が他の音と違って聞こえると認識する時、どのように聞き分けているのでしょう。そこには、「高さ」「強さ」「音色」の3要素が関係しています。

空気の振動が伝わる

音波

① 音の高さ

音の高さは、音源が1秒間に何回振動するかで決まります。音源が1秒間に振動する回数を**振動数**といいます。単位は〔Hz〕（ヘルツ）です。

演奏の際に基準となるA（ラ）の音は440〔Hz〕です。人はおおよそ20〔Hz〕から2万〔Hz〕くらいまで聞くことができます。人が聞くことができない大きな振動数の音を**超音波**といいます。超音波をうまく使って飛ぶのがコウモリです。コウモリは、超音波を発してその反射を感知することで暗い洞窟の中を飛ぶことができます。

② 音の強さ

音の強さは、振動の揺れ幅の大きさと振動数で決まります。振動の幅が大きく、振動数が多いほど強くて大きい音になります。音の強さは音の持つエネルギーの大きさともいえます。

③ 音色

音を機械で分析すると、それぞれ固有の波形を持っていることが確認できます。この波形で音色が決まります。波形により、楽器の音も動物の鳴き声も人間の発する言葉も聞き分けることができます。

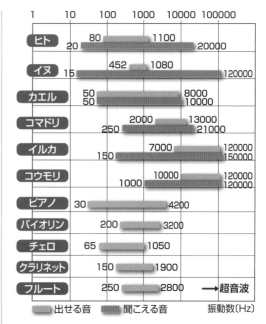

音源	出せる音	聞こえる音
ヒト	80 ～ 1100	20 ～ 20000
イヌ	452 ～ 1080	15 ～ 120000
カエル	50 ～ 8000	50 ～ 10000
コマドリ	2000 ～ 13000	250 ～ 21000
イルカ	7000 ～ 120000	150 ～ 150000
コウモリ	10000 ～ 120000	1000 ～ 120000
ピアノ	30 ～ 4200	
バイオリン	200 ～ 3200	
チェロ	65 ～ 1050	
クラリネット	150 ～ 1900	
フルート	250 ～ 2800	→ 超音波

出せる音　聞こえる音　振動数〔Hz〕

いろいろな音の高さ

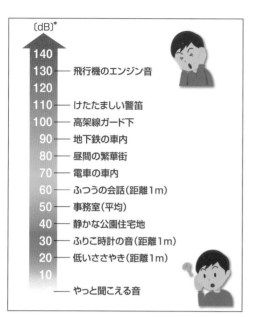

いろいろな音の強さ

* 〔dB〕デシベルと読み、音の強さを表す単位

音は反射する

音は波動なので、光と同じように反射します。音が反射すると、跳ね返った音が共鳴して不思議な音色になることがあります。日光東照宮の有名な「鳴竜」がそうです。

日光東照宮の薬師堂（本地堂）の鏡天井には、狩野永直安信が描いた竜の絵があります。この竜の頭の真下で拍子木を打つと、これに応じて竜が

日光東照宮の鳴竜。朝日新聞社提供

鳴くような不思議な音が返ってくる──。これが「鳴竜」と呼ばれる現象です。これは、拍子木で鳴らした音が、湾曲した天井と床の間を1秒間に数十回も往復反射して生じることが明らかになっています。「鳴竜」は東照宮だけではなく、他の建築物でも聞くことができます。

音は屈折する

また、音の波動は進む速さが変わると、屈折して進みます。音の速さは、気温によって変わるので、昼間地表が暖かく上空が冷たい時と、夜間地表が冷たく上空が暖かい時では、曲がり方が異なり、音の伝わり方が変わります。冬の寒い夜、遠くから音が聞こえてくるような気がするのは気のせいではなく、音の屈折が関わっているのです。

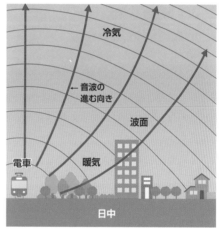

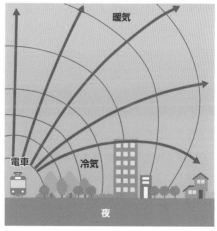

日中と夜の音の伝わり方の違い

ピタゴラスと音階

金槌の音をヒントに音階を発見したピタゴラス

ギリシャの数学者として知られるピタゴラス（前582頃–前497年）は、鍛冶屋が鉄を打つ音を聞き、音階を発見したといわれてます。いくつかの金槌の音の違いから、重さの比が2：1の2つの金槌から出る音は、1オクターブ離れていることに気付きました。このことから、振動数比が1：2でオクターブ、2：3で完全5度、3：4で完全4度という音程になることを発見しました。これを**協和音階**といいます。

ギリシャ時代、弦楽器の弦の調音は経験に頼っていましたが、この発見により、弦の長さを調節して振動数を変化させることで調音ができるようになりました。ピタゴラスはこの発見によって、音階上のそれぞれの音を発する弦の長さは、弦全体の長さに対する比で表せる、と指摘したのです。

ピタゴラスは、ある弦がCの音を発するとすれば、その15分の16の長さの弦は次の低いB音、15分の18の長さの弦はA音、15分の20の長さの弦はG音を発するというように音階が下がっていくとしました。音程と振動数の関係を**音律**といいますが、ピタゴラスが見いだした音律はピタゴラス音律とも呼ばれています。

以上のように伝わっていますが、実はピタゴラス自身は何も書き残さなかったので、真偽のほどは科学史家によって意見が分かれるところです。今日ではピタゴラス音階はあまり用いられず、1オクターブの間を隣り合う音の振動数の比が等しくなるように等比級数的に12等分した12平均律音階が標準的です。

真空で音は聞こえるの？

私達は、空気中に生きているので、音が空気中を伝わることは前提ですが、固体中も液体中も音は伝わります。のどかな時代には、列車の姿かたちは見えなくても、レールに耳をあててガタンゴトンという音を聞き、列車が近づいてくることを知ったものでした。また、液体中を音が伝わることは、水にもぐっても音が聞こえることからもわかります。

では、真空で音は聞こえるでしょうか。聞こえないことを証明したのが、ロバート・ボイル（1627-1691年）です。1660年頃、ボイルは真空のガラスびんの中に目覚まし時計を細い糸でつるし、中の空気を抜く実験を行い、以下のように記録しています。

「わたしたちは目覚ましが鳴り始める時を、息をつめて待っていた……。そして、その音がまったく聴こえないのに満足した。次に、空気を少しずつ入れながら耳をすましていると、目覚ましの音が聴こえ始めた。」

ボイルが製作した空気ポンプ

B.C.500年頃　ピタゴラス（前582頃−前497年）　ピタゴラス音階

B.C.300年頃　ユークリッド（前330年頃）　著作で光の反射の記述

100年頃　プトレマイオス（140年頃活躍）　光の水への入射角と屈折角が正比例するとした

1000年頃　アルハゼン（965頃−1040年頃）　光のいろいろな研究

1609年　ガリレオ（1564−1642年）　屈折望遠鏡を作成

1621年　ウィレブロルト・スネル（1591−1626年）　光の屈折の法則を発見

1640年頃　メルセンヌ（1588−1648年）が音速測定

1660年　グリマルディ（1618−1663年）　光の屈折現象の発見

1660年頃　ボイル（1627−1691年）が真空のびんの中では音が鳴らないことを実験で確かめる

1660年頃　イタリアのボレルリ（1608−1679年）、ヴィヴィアーニ（1622−1703年）が大砲の音から音速測定方法を考案

1666年　**アイザック・ニュートン**（1642−1727年）　光の分散の研究

1675年　**ニュートン**　ニュートンリングの発見

1675年　レーマー（1644−1710年）　木星の観察による初めての光速度の測定

1678年　**クリスティアン・ホイヘンス**（1629−1695年）　光の波動説

1704年　**ニュートン**　『光学』

1708年　フラムスティード（1646−1719年）、ハレー（1656−1742年）　音速測定

1727年　ブラッドリー（1693−1762年）　光行差の発見

1800年　ハーシェル（1738−1822年）　赤外線の発見

1801年　リッター（1776−1810年）　紫外線の発見

1801年　**トーマス・ヤング**（1773−1829年）　光の波動説、光の干渉現象を説明

1807年　**ジャン・バプティスト・ジョゼフ・フーリエ**（1768−1830年）　熱伝導に関する最初の論文で、フーリエ展開を発表

1808年　マリュス（1775−1812年）　偏光の発見

1812年　**フーリエ**　懸賞論文の「熱の解析的理論」で再度フーリエ展開を提唱

1814年　フラウンホーファー（1787−1826年）　太陽スペクトルの暗線発見

1817年　ヤング、フレネル（1788−1827年）　光は横波であることを実証

1842年　**クリスティアン・ヨハン・ドップラー**（1803−1853年）　ドップラー効果

1849年　フィゾー（1819−1896年）　地上の実験で初めて光速の測定に成功

1861年　キルヒホッフ（1824−1887年）　太陽スペクトルの分析

1873年　マクスウェル（1831−1879年）　光の電磁波説

1887年　**エルンスト・マッハ**（1838−1916年）　衝撃波の実験、写真撮影

多くの言葉で少しを語るのではなく、
少しの言葉で多くを語りなさい。

―― ピタゴラス

(前582頃−前497年頃)

自然の深い研究こそ、
数学上の発見のもっとも豊かな源泉である。

―― ジャン・バプティスト・ジョゼフ・フーリエ

(1768–1830年)

事実を思考の中に模写する時、私達は決して事実をその
まま模写するようなことはなく、私達にとって重要な側
面だけを模写する。

―― エルンスト・マッハ

(1838–1916年)

8 磁気と電気

ギルバート
(1544–1603年)

「静電気」と「磁気」の違いを説明

クーロン
(1736–1806年)

「電気」を帯びた物体の周りに働く力を測定

ガウス
(1777–1855年)

「電気」と「磁気」の単位を統一

引き付ける力、磁気と電気の解明

　静電気はすでにギリシャ時代に、哲学者のタレス（前625頃-547年頃）が琥珀をこすると細かい物を引き付けることを記録しています。一方で、磁石が鉄を引き付ける現象もギリシャ、古代中国などで知られていました。磁石が地球自身の磁気（地磁気）と引き合って方位を示せることから、航海で利用できる羅針盤も早くから発達しました。

　これらの「引き付ける力」に関して、本格的にその性質と法則性を追究したのは、16世紀に登場したギルバートでした。琥珀以外にもいろいろな物体をこすって静電気を起こし、それらの結果から、磁石の引く力と、琥珀をこすって生じる力は全く違うという結論に達し、後者を「電気力」と名付けました。この時から、「電気」は多くの貴族達により、本格的な研究対象となっていきます。

　その後、18世紀に大きな静電気をためることのできるライデン瓶（18世紀中頃）の登場をみま
す。ためられた静電気を放電すると稲妻が走ることから、アメリカの発明家ベンジャミン・フランクリン（1706-1790年）は雷の正体に思い至り、凧の実験を行って雷の電気をライデン瓶にためることに成功しています。また電気には2種類の状態があることにも言及し、それは今の正負の電荷という電気概念につながっています。

　これらの発見を土台に18世紀の後半には、クーロンらによって、離れていて働く電気や磁気の力の大きさは、距離の2乗に反比例することが見いだされました。この後、電気力は電池の発明を経て電流としてその性質が解明され、ファラデー（p.106）らにより、電気と磁気の相互関係が解き明かされるにつれ、通信や照明、モーター、発電機など現代に通じる様々な方向に利用されていきます。時を同じくして、数学でも天才の名が高かったガウスらにより、精密な地磁気や磁気の法則に関する研究がなされ、電磁気の「単位」が統一され、電磁波の実在も検証されました。

ギルバート

ウィリアム・ギルバート（1544-1603年）／イギリス

イギリスに生まれケンブリッジ大学で学び、ロンドンで医師として活躍しました。エリザベス1世やジェームズ1世の侍医も務めました。物理学者、哲学者でもあり、私財をつぎ込み多くの成果を残しました。そのひとつが1600年『磁石論』の出版で、電気や磁気に関する実験を踏まえた研究は現代の電磁気学の黎明を告げました。

「静電気」と「磁気」の違いを説明

東西の知見混ざり実験科学芽吹く

紀元前のギリシャに始まる天文学、医学、数学などの様々な科学は、ローマを経て、7世紀からのイスラム教の発展とともに、アラビアをはじめとする東方文化圏に吸収されていきます。錬金術などの多少科学を逸脱する神秘的な研究も含みながら、アラビアにおける学術研究は実験科学としての萌芽を見せていました。11世紀から13世紀にかけて、西欧ではキリスト教カトリック教会が絶大な力を持ち、諸国は聖地エルサレムをイスラム教から取り返そうと十字軍遠征を行います。

その結果、西欧と東方文化圏は関わりを持ち、ギリシャやアラビアの様々な科学的知見が西欧に再流入し、中世のキリスト教社会に種として眠りました。東西の交易商人なども多くの情報をもたらし、やがてその種は、12世紀の西ヨーロッパに始まり14〜16世紀に隆盛となったルネッサンスという文化の高揚の中で芽吹きます。そしてそれは、近代科学の開花へとつながっていくことになりました。

そんな中、13世紀にイギリスで哲学者ロジャー・ベーコン（1219頃-1292年）が実験科学を提唱し、16世紀末に至って、ギルバートが実験をもとに具体的な科学的成果を残したのです。その中には、迷信以上には長らくかえりみられることのなかった、磁石や静電気についての研究がありました。

こぼれ話

Electricity（電気）の語源はギリシャ語

伝承によると、ギリシャの哲学者タレスは琥珀をこすると細かいほこりを引き付けることを見いだし、記録したと伝わっています。琥珀はギリシャ語で$\eta\lambda\epsilon\kappa\tau\rho o\nu$（[elektron]）といい、燃える太陽という意味もあります。ギルバートは琥珀のようにものを引き付ける性質を表すものとして、著書でギリシャ語をもとにラテン語の新語electricusを使いました。これが後に英語で電気を表す単語electricityになったのです。

エリザベス1世に磁気の実験の成果を披露するギルバート

磁石の研究

ギルバートが残した業績の中で、前述の『磁石論』と略されるラテン語の主著の正式な書名の副題には「実験で論証された」という意味の表現が含まれています。この本の中でギルバートは自身で実験を通して確かめた各種の発見に、重要度を示す大小の印をつけ、磁気の世界をまとめ上げ、俯瞰してみせてくれました。

この本では磁石が特定の物質と引き付け合う時の振る舞いがまとめられており、また、後の「場」をイメージさせる**オルビス**という考えを示していて、他の磁性体がその範囲に入ると影響を受けると述べています。地球が大きな磁石であることも明言しており、**地磁気**の**偏角**や**伏角***にも研究を広げています。

一方でギルバートは、地磁気の原因が地球の**自転**であると考えていました。これは、現在では否定されています。また、ギルバートは天動説には否定的で、天体の運動を磁気力で説明することがコペルニクスの地動説を支持する証拠となりうることを『磁石論』の6巻で述べています。キリスト教会を配慮してその表明には細心の注意を払っていましたが、それでも問題視する人が多かったのか、現在ではこの巻は写本の多くが失われています。

ギルバートの著書『磁石論』（1600年）には地磁気について書かれている。金沢工業大学ライブラリーセンター所蔵

***地磁気の偏角と伏角**　地球の自転の極と地磁気の極は完全には一致していないため、磁針が指す北が真北からずれる。偏角とは、ずれの角度のことで場所や時間で異なる。磁針は重心で支えても水平にならない。伏角とは水平面からのずれの角度。緯度が違うと異なる。

検電器を考案、静電気と磁気を区別

さて、磁気力と静電気力は長らく明確な区別をされないままでした。ギルバートは磁石とは別に、静電気の性質を調べるため方位磁針に似た回転する針を利用した**検電器**を考え出し、様々な物質が帯電する時の電気的な傾向を調べました。

『磁石論』の2巻では、磁気力は離れていても引き合う力であり、物質が伝えるのではなく空間を隔てて遠隔で働く力であること、一方、電気力は同じように見えてもそこから物質的に発散するものが伝えて働く力として、理由もつけて明確に異なる作用として区別しています。

2つの力が明確に区別して考えられるようになるのは、この時からです。

(((波及効果)))

天体の動きに磁力が影響しているというギルバートの考え方は、現代では否定されています。太陽と惑星の引き合いの原因は磁力ではありません。しかし、天体の世界に、目に見えない遠隔の力を想定する発想は、後の万有引力の発見の土台となったことでしょう。

また、電気力を物質的な媒介があると考えていた点は現在では否定されています。

それでも迷信や経験則に終始していた磁気、電気に関する現象を、実験をもとに論理的に解釈し、二力を明確に区別したことは大変重要で、続く電磁気の時代への道を切り開きました。

クーロン

シャルルオーギュスタン・ド・クーロン（1736-1806年）／フランス

フランスの裕福な役人の家に生まれ育ち、数学を学び物理学者・技術者になりました。陸軍士官学校で測量などに従事し活躍した時代にフランス革命が勃発、職を辞しましたが、革命政府の新たな度量衡制定に招聘されています。ねじり秤を用い、帯電した物体間に働く力を測定しました。その業績を称え電荷の単位はクーロンです。

「電気」を帯びた物体の周りに働く力を測定

盛んになった電気の研究

ギルバートに端を発した電気の研究は、17世紀には各国の貴族などの富裕層の研究欲を刺激しました。18世紀に入ると摩擦によって生じる電気には異なる性質を持つ2種類があり、異種間の引き合いと、同種間での反発が確認されてきました。磁石に似たこの性質ですが、磁石とは違って電気においては、異種に帯電しているもの同士の接触で電気的な作用が消えることもわかりました。

静電気実験はサロンで人気に

一方で、**摩擦電気**をためる方法であるライデン瓶がオランダで発明され、電気をためたり、放電させる研究が盛んに行われ始めます。何せ、電気をためたものに人が触れると髪が立ったり、ビリッときたりするものですから、静電気の現象は純粋な研究以外に、サロンで人気の見世物として広がりました。

酸素の発見者として知られるジョゼフ・プリーストリー（1733-1804年）が自身の実験を踏まえた上で、電気の歴史と現状を俯瞰した本を18世紀後半に発刊しています。これは多くの研究者に刺激を与えました。本の中では電気力の性質を、同じ遠隔力である重力の性質を踏まえて、距離の2乗に反比例するのではないかと推論しています。

こぼれ話

クーロンも胸躍らせた？　熱気球で初の有人飛行

クーロンがパリに配属された時代に、製紙業者の息子モンゴルフィエ兄弟がパリで熱気球を飛ばすことに成功しています。教会が神への冒とくだと言った有人飛行ですが、当時の国王で、気球実験の5年後に起こるフランス革命で処刑されるルイ16世に飛行許可をもらいました。気球は、乗船に挑戦したダルランド侯爵とロジェという名前の2人を乗せて、300フィート

の高度に上昇、ブローニュの森から5.5マイルを25分かけて飛行したと記録されています。この時パリにいたクーロンも、同時代に活躍し、後にフランス革命の犠牲となった化学者ラヴォアジェ（1743-1794年）も、耳目を集めたこの話題を聞いたことでしょう。このニュースはオランダ経由で4年後には江戸に伝わり、『紅毛雑話巻ノ一』に図付きで掲載されました。

磁気の研究も盛んに

また、クーロンの時代には、静電気とともに磁気の研究も盛んでした。1752年にイギリスの科学者ジョン・ミッチェル（1724-1793年）とジョン・カントン（1718-1772年）が**人工磁石**の作り方と実験という概論を出版するなどがその例です。

ギルバートが区別した電気と磁気ですが、現象として共通する面も多く、少なからぬ科学者は並列して研究を進めており、クーロンもそのひとりです。クーロンは電気や磁気の力と距離との関係を定量的に測定し、1785年から1789年にかけて両方に関する7本の論文を発表しています。

クーロンのねじれ秤の実験

さて、クーロンが実験に使った「**ねじれ秤**」というのは、下図のような形をしています。入れ物の中に細長い絶縁体の棒をつるしたもので、棒の端には小球がついていて、他端の重りと釣り合わせて水平にしてあります。帯電させたこの小球に、帯電した別の小球を近づけると、2つの球の間で電気力が働いて動き、棒が回転して糸のねじれが生じます。それによって、2球の間に働く静電気力の大きさを比べていきました。

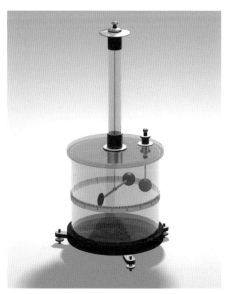

クーロンのねじれ秤の実験装置を再現したもの

クーロンはこのようにして、静電気力は2球の間の距離の2乗に反比例し、**電気量**の積に比例するということを見いだしました。これを**クーロンの法則**と呼びます。静電気力は、このように帯電した小球に限らず、一般に荷電粒子の間で必ず生じる相互作用です。

この考えは、異なる道筋で同じような結論に達しながら、すぐに公表しなかった人もいました。イギリスの物理学者であり数学者でもあったジョン・ロビンソン（1739-1805年）や、ドイツの天文学者で物理学者でもあったフランツ・エピヌス（1724-1802年）、キャヴェンディッシュ(p.34)がその例です。

エッフェル塔の1階バルコニーの下部分に、フランスの科学者72人の名前が刻まれている。クーロンは南東側、アンペール（p.98）は北西側の面に名前がある

(((**波及効果**)))

多くの人が、様々に興味深い電気や磁気の現象を試す中で、クーロンの前後にも電気力と距離の関係を求めようとした人は多くありました。その中でクーロンは電気現象で生じる作用を定量的に測定し、さらに関係性を数学的に表しました。これは、現象を観察、記録するだけの科学から、数式で表現して一般化する科学へ進む流れの一筋となりました。

ガウス

カール・フリードリヒ・ガウス (1777-1855年)／ドイツ

ドイツの職人の家に生まれた数学・天文・物理学者で、幼少より天才的な数学の才を発揮、関係者の支援や奨学金などで大学まで進みました。現代の実験データ処理になくてはならない最小二乗法の発見をはじめ、数論や解析学、複素数平面など重要な研究が多くあり、広い分野でガウスにちなみ命名された法則や手法があります。

「電気」と「磁気」の単位を統一

天文学者を志したガウス

ガウスは数学に大変秀でていて研究を広げ活躍していましたが、一面でより社会で役立つ天文学者を志し、1807年にゲッティンゲン天文台長になっています。18世紀から19世紀にかけての天文台は、星の観測をするだけではなく、今日の地学の範囲である地理測定や気象観測なども行いました。ここでガウスは惑星の運動に関する法則のみならず、地理において観測測定装置の開発や、地図投映法などを工夫しています。また、ゲッティンゲンに地磁気観測所も誕生させており、この後ドイツが地磁気の研究の先端を走ることになりました。

地磁気研究に至るまで

きっかけを作ったのは、ドイツの博物学者で、探検家でもあるアレクサンダー・フォン・フンボルト（1769-1859年）です。彼は1799年から5年ほどかけて中南米を探検し、地磁気の強さが場所によって違うことを発見しました。地磁気の強さは極地から赤道に向かうにしたがって減少するというのです。親交のあったガウスと、年少で後輩の物理学者ヴィルヘルム・エドゥアルト・ウェーバー（1804-1891年）は、フンボルトに相談を受けて研究を始めます。ガウスは誤差の少ない地磁気の測定方法を工夫し、数学的処理を加えて、磁気の強さを単位系に乗せることに成功します。つま

こぼれ話

功績を称え、かつてはドイツマルク紙幣に

ガウスは最愛の夫人、二男、ガウスに匹敵する才能を持つといわれた長女を若いうちに失いました。再婚した相手も長い病気で先立たれ、家族運には恵まれませんでした。数学の業績である正規分布のグラフとガウスの肖像画はかつてのドイツマルク紙幣にもなっていました。（一部を拡大しています）

り、磁針を振らせる磁気の強さというものを、長さ、質量、時間という単位系で測定できる**物理量**にできたのです。

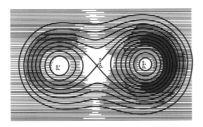

磁極を表す図。ガウスが描いた2つの磁極の周囲の磁力線の形と様子を再現した

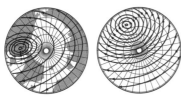

北極南極の磁極線。ガウスが考えた地球の北極と南極周辺の磁力線の分布の様子

磁気の単位統一に努める

この時代になると、まさに各所で単位の必要性、重要性が認識され、長さや重さをはじめとする様々な共通単位が模索されていました。セルシウス（p.44）が温度計を作り、温度目盛りを設定したのも18世紀前半です。ガウスはウェーバーとともに、地磁気の研究をもとに電磁気の単位系の統一に努めています。1881年パリの国際電気会議で**絶対単位系**（現在の**CGS単位**）の導入が決まったのは、ガウスの死後26年目のことでした。ボルト、アンペア、オームといったなじみ深い単位はこの会議で決まっています。ずっと年下だったウェーバーはまだ存命で、会議に参加しており、磁束密度の単位としてガウスを提案、採用されることになりました。磁束の単位はウェーバー〔W〕となりました。

1881年に催されたパリ国際電気博覧会でステレオを聴く人々。この時、多くの学者が集まり国際電気会議が開かれ、CGS単位系が採択された

数学の巨人のガウス

ガウスの名前は多くの定理や手法に残されています。ガウスは、空間を数式で表記する才能に秀で、数字を扱わせると右に出る人はいなかったほどです。物理学においても得意の数学を駆使して、電磁気学をはじめ、液体の振る舞いについても多くの現象を解明し、法則性を明らかにしました。現在の物理学の実験でも、最小二乗法によって、多数のデータの散らばりから意味ある近似値を求める方法は不可欠です。また、確率や統計を扱う上でデータの散らばり方がガウス分布（正規分布）という形をとることなどもガウスによって明らかにされました。

(((波及効果)))

ガウスはすでに様々に研究の成果が積み重なってきた電気や磁気において、得意の数学をもとに、多くの法則を導き出し成果を上げました。それは後にマクスウェル（p.108）の電磁波の方程式につながっていきます。

静電気と磁石の違いは？
身近な例から考えよう！

乾燥した冬にドアノブなどに触れると起こる「静電気」は子どもにも身近な現象です。この「静電気」と「磁石」の力が、実は「電磁気力」という同一の力の枠内にあるととらえられるまで長い年月がかかりました。

磁石の性質を理解しよう

磁石には**N極**と**S極**があります。N-Sセットであるのが特徴で、棒磁石を真ん

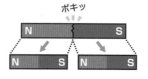

中で切るとそれぞれの両端に極ができて、N極だけの磁石にはなりません。

磁石の周囲には磁力が働く空間があり、**磁場（磁界）**と呼びます。磁石の力を表現する矢印を書くと、N極から出てS極に入る弧が描けます。この様子は磁石の周囲に鉄粉をまくと観察することができます。これを**磁力線**と呼び、磁力線の密なところが磁力が強いところです。一定面積の磁力線を足したものを**磁束**と呼び、単位面積あたりの磁束（**磁束密度**）は磁場の強さを示します。

磁石は異なる極同士は引き合い、同極同士は退け合います。方位磁針の針も磁石でN極が赤色に塗ってあり、磁場の中にあると磁場を作るものの極と引き合ったり退け合ったりする結果、磁力線の向きに沿って静止します。

地球はまるごと磁石

地球は全体で磁石です。そのため、昔から、**方位磁針**で一定の方向を知ることができました。

地球の北極（North）は現在S極ですから、方位磁針のN極が引かれて赤色のNが北を指します。

地層を研究した結果、地球の極は過去何度も逆転していることがわかっています。

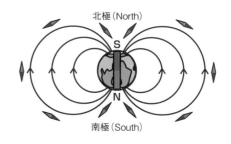

太陽も磁石

太陽も大きな磁石です。また、そこだけ温度の低い**黒点**なども極になり、刻々と変わる複雑な磁力線が推定されています。

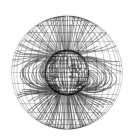

電流が流れると磁石になる電磁石

小学校で学ぶように、コイルに電流を流すと磁石になります。鉄心を真ん中に入れると、より強

い磁石になります。電磁石は電流が流れなくなると磁石ではなくなるため、その性質を利用して、重い鉄を引き付け、目的の場所でおろす機械に活用されています。

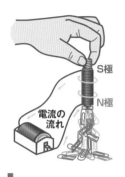

廃棄物処理場の風景

磁石を利用した乗り物

リニアモーターカーは磁石を駆動装置に使った乗り物です。

まず、同極の磁力の反発で浮かびます。

しかし、浮いてしまうと、車輪で地面を押し、その摩擦力（p.18）を利用して反動で前に進むことはできません。そこで、前に進めるための工夫があります。ある磁石のN極側に別の磁石のN極を、S極側にまた別の磁石のN極を近づけたら、N極側では反発、S極側では引き合いが起こり、ある磁石はS極の方に勢いよく動くでしょう。

このような反発と引き合いをうまく利用して、車両を走らせています。磁力の発生源には磁石や電磁石が使われています。

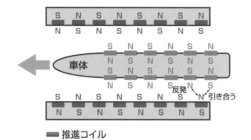

■ 推進コイル
■ 超電導磁石

静電気の性質

ストローを紙袋から引き抜いたり、塩化ビニルパイプのおもちゃのジャングルジムに化繊のセーターを着た子どもが上り下りしたりすると、静電気が発生します。これは、ストローと紙、塩化ビニルパイプと化繊のように異なる物体同士をこすり合わせたからです。

この時**＋（プラス・正）の電気**を帯びたものと、**－（マイナス・負）の電気**を帯びたものが生じます。同じ性質の電気同士は退け合い、異なる性質の電気を帯びていると引き合います。

静電気は、電気が流れやすい物体で触れると一瞬にしてたまっていた電気が流れます。そのような物体を近づけただけでも、空中を稲妻が走ります。これは、本来電気が流れにくい気体中を電気が移動する**放電**という現象で、火花や音がして一瞬で**大電流**が流れます。

雷は雲が激しく大きく育つ時、その中で小さな氷の結晶がこすれ合って、雲にプラスとマイナスの部分ができ、雲の中や、さらに地面との間で電気が流れる放電現象です。0.001秒ほどの時間で数千から数億ボルト分の莫大なエネルギーが一瞬で光と熱になります。

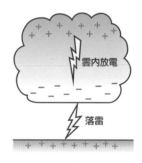

雷の原理

静電気の利用

静電気が細かいものを引き付ける性質を利用したものに、車の塗装やコピー機があります。

静電気がどんなふうに活用されているのか、ぜひ調べてみてください。

また、逆にじゃまな静電気を取り去る方法もあります。乾燥したところで静電気が発生しやすく、湿度が高いと起きないことをヒントに、どんな方法か考えてみませんか。

貴族たちも夢中になった静電気

サロンで人気のパフォーマンス

　静電気を帯びたドアノブがピリッとするのは誰でも驚きます。18世紀に静電気を発生させる装置とためることのできるライデン瓶が知られるようになってから、電気を研究しようとした科学者だけではなく、好奇心旺盛な当時の人々の中では、静電気を体験するのが流行になったようです。

　17世紀中盤を過ぎた1663年ごろ、ゲーリケ（p.24）は**摩擦起電機**を発明しました。硫黄球を回転軸につけて回し手でこすることで電気を起こすことができます。その後、摩擦起電機はニュートンによってガラス球を使用した装置に改良され、さらに回転を早めたり、こするものを毛織物に変えたりするなどの工夫が加えられていって、より多くの静電気を起こせるように工夫されていきました。

　さらに電気が逃げないように**絶縁**した導体を近づけて電荷をためる方法も考えられました。この導体は物である必要はなく、これが絶縁台に立った人であった場合、その人にたくさんの電荷がたまります。

　現在でも静電気を発生させるバンデグラーフという装置に触れた人に電気をためて、髪の毛を立たせたり、その人に触れさせて、触れた人がビリッとショックを受ける体験をさせたりします。同じことが貴族のサロンで行われ、下のイラストのような風景が多く見られました。

　日本でも、1776年の江戸で、平賀源内がオランダ渡りのエレキテルをまねして、摩擦起電機を作り上げました。そして、19世紀初めになると、日本でもヨーロッパのサロンのように、静電気でビリッとさせて驚かす百人おどしが試されている記録があります（下図）。

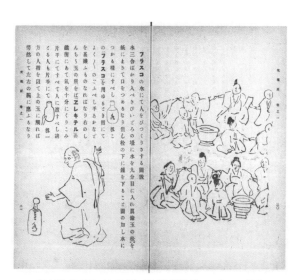

橋本鄭（1763-1836年）著『和蘭始制エレキテル究理原』より百人おどしの様子。大正14年版　国立国会図書館オンライン提供

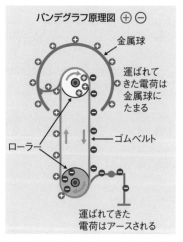

バンデグラフ原理図　⊕ ⊖

金属球

運ばれてきた電荷は金属球にたまる

ローラー

ゴムベルト

運ばれてきた電荷はアースされる

上下のローラーとゴムベルトで摩擦が起き帯電する。上下のローラーは素材が違うので、それぞれ違う極に帯電する

9 電流

ボルタ
(1745-1827年)

「ボルタ電池」の発明で電気に関する実験が加速

アンペール
(1775-1836年)

電流とその周りの磁界との関係を解明

オーム
(1787-1854年)

「オームの法則」により「抵抗」「電圧」の概念が確立

レモン電池

「電池」はすごい発明だった

　学校で電気の勉強をすると必ずお目にかかるボルト〔V〕、アンペア〔A〕、オーム〔Ω〕という単位があります。これらはすべて、電気の性質を解明する上で重要な役割を果たした人の名前にちなんでいます。今でこそ電気回路は身近なものですが、あくまでも人が考え出して作った物です。自然界で私たちが気づく電気現象は、多くは静電気の発生によるものです。

　昔から静電気が特定の物をこすり合わせると生じることは知られていて、18世紀には発生させた静電気をライデン瓶にためることができるようになりました。しかし、たくさんたまった電気は放電すると、火花が散り大きな音がするほどの力がありながら、一瞬で霧散してしまいます。電気を研究したり利用したりするために、一瞬ではなく、定常的に電気を取り出す方法が求められていました。現在は当たり前に日常使われている電池ですが、この発明は1800年まで待たなければなりません。

　自由研究などでレモン電池を作ったことがある人もいることでしょう。その時、2種類の金属板をレモンに刺して汁に触れさせたことを覚えていますか。

　ボルタは、塩水に2種類の金属を差し込むと電気が生じることを確かめ、塩水を含んだ紙を2種の金属で挟んで重ねた電池を作りました。電池の登場で「電流」を導線に流せるようになると、電池の強さと電流の強さ、その流れ方などの性質の研究が進みました。**アンペール**により導線を流れる電流と周りに生じる磁界の関係や作用が明らかになり、後のファラデー（p.106）の発見につながっていきます。**オーム**は金属線の電流を調べていて、電流の大きさと金属の長さ（抵抗値にあたる）の積が一定であるという、中学校で学習するオームの法則の原型を作りました。このようにして、電気の特性が明らかになってきたのです。

ボルタ

アレッサンドロ・ジュゼッペ・アントニオ・アナスタシオ・ボルタ(1745-1827年)／イタリア

イタリアはアルプスの麓、風光明媚なコモ湖の畔の裕福な家庭に生まれた物理・化学者で、後にコモ大学の物理学教授になっています。静電気の実験で、当時の起電機より簡単に電気を発生させる電気盆を工夫、現在のコンデンサーにあたる性質も研究しました。ボルタ電池（電堆*）の発明でナポレオンから伯爵に叙せられています。

「ボルタ電池」の発明で電気に関する実験が加速

電気はどこから来る？

電池の発明の端緒となったのは、イタリアの医師であり、物理学者でもあったガルバーニ（1737-1798年）でした。彼はカエルの解剖中に2種の金属を導線でつないで筋肉に触れると、電気的な刺激が加わった時のように足が震えることを発見しました。そして、その電気は筋肉や神経などの動物そのものの中にある（動物電気）と考えました。

この現象は多くの人が追究し、電気がどこから来たのかをめぐって議論を戦わせました。フンボルト（p.90）はガルバーニの主張を支持し、ボルタも初めは受け入れましたが、実験を重ねた結果、電気は2種の金属と湿った物質に原因があると考えるようになりました。

ナポレオンも注目、ボルタの電堆

ボルタはこの考えを発展させて、2種の金属を亜鉛板（負極）と銅板（正極）とし、その間に挟む湿った物質を濡らした布や紙にして実験を重ね、定常的に多量の電気を取り出すために液を工夫し、何層にも重ねた電堆を作り出しました。

1800年にボルタはイタリアからイギリスの王立協会に報告を送って発表し、フランス皇帝ナポレオン・ボナパルト（1769-1821年）にパリに招かれ実験を披露しました。この実験に使われた電

こぼれ話

日本製の電池「屋井乾電池」

ところで、液体を使うボルタ電池と違い、液体を使わない乾電池（ボルタ以降の液体を利用したものは湿電池）を発明したのは時計技師だった屋井先蔵です。屋井は、どの時計も同じ時刻を刻む「電気時計」の電源に、従来の液体電池を使っていました。しかし、液体が冬に凍るなど実用に適さず、改良を重ねていきます。そして1887年世界に先駆けて手軽に使える「屋井乾電池」を完成させました。しかし、資金がなく特許の申請は発明から7年後になり、すでに外国で申請が出された後でした。

屋井先蔵

屋井乾電池。一般社団法人電池工業会所蔵

池をボルタ電池（ボルタの電堆や**ガルバーニ電池****とも）と呼びます。

ナポレオンに電堆を使った実験を披露するボルタ

研究重ね「起電力」にたどり着く

その後も、ボルタは大きな電気を得る工夫として、容器の液中に亜鉛と銅板をつけたものをいくつもつないだり、**金属板**の種類や間隔を変えるなどの実験を繰り返しました。ボルタにより、電気を生じさせる「電池」は条件によって取り出せる電気の大きさが違うことにも注目が集まり、やがて「起電力」という概念が形作られていくことになります。

ボルタを記念して、電圧、起電力の単位にはボルト〔V〕が用いられています。

p.95のレモン電池と比べてみてください。金属板のつなぎ方など全体の構造が似ていませんか。ボルタは、種々の金属板や液体の組み合わせ、つなぎ方を様々に工夫した実験を行いました

イタリアのユーロ統一前の1万リラ紙幣（上の画像は一部を拡大しています）にボルタと電堆が描かれていました

ボルタの電堆

*電堆（でんたい・でんつい）
金属板を重ねたボルタ電池のこと。堆は積み上げるの意味で、ボルタ電池の形状を示唆しているpileの訳語。
**ガルバーニ電池
2種類の金属をつなげ、化学変化を利用して電気を得る電池を総称してガルバーニ電池と呼ぶ。ボルタ電池も、後の正極、負極を異なる液につけるダニエル電池もガルバーニ電池である。

(((波及効果)))

こうして定常的に電気が得られるようになり、電気に関する実験の幅は驚くほど広がりました。そして時を待たずに水の電気分解が行われ、近代科学の発展につながっていきました。一方でボルタの電池は大きく重く、液漏れもするので実用には不向きで、その後は様々に使い勝手のいい電池が研究されていきました。また、ボルタは様々な金属を試しており、現在の**イオン化傾向**の研究の端緒となりました。

アンペール

アンドレ・マリー・アンペール（1775–1836年）／フランス

フランス生まれの物理学者、数学者で、幼い頃から数学に優れていました。役人だった父をフランス革命後の恐怖政治で失うなど、波乱の青年期を過ごし、後にリヨン大学などで教鞭をとりました。また、電流と磁界の関係を広く研究しました。

電流とその周りの磁界との関係を解明

電流の周りに生まれる磁界を研究

ボルタの電池の発明から、定常的に導線に電気を流すことができるようになると、電流の性質の研究が一気に進み始めます。デンマークの物理学者ハンス・クリスティアン・エルステッド（1777-1851年）は電流を流すたびにそばにある方位磁針の針が動くことから、電流が磁針に作用すると考えて、電流と磁針の関係を確かめる実験を行います。その結果、電流が流れている時に導線の周囲に円形の磁界が形成されることを見いだしました。その報告を知ったアンペールはさらに研究を進め、1820年に『2つの電流の相互作用について』という報告を発表しています。

磁界の向きは電流の向きで決まる

アンペールは方位磁針の振れる向きが、電流の流れている向きで決まることを発見しました。この規則性は、中学校の教科書で「右ねじの法則」などと呼ばれて図が添えられて説明されています。

導線を流れる電流の向きが反対になれば、生じる磁界も反対になります。さらに、2本平行して導線がある場合に、同じ向きに電流が流れると、導線同士は引き合い、異なる向きに流れると退け合う、ということも発見しました（平行電流の相互作用）。それは、お互いの間にできている磁界が影響し合うからです。

こぼれ話

優れた研究者であり、教師としても活躍

エルステッドの報告に触発されたアンペールは、わずか2週間で目的とした実験に成功して成果を科学アカデミーに報告したと伝えられています。

優秀な研究者である一方で、家庭教師から大学の教授まで、数学、科学、哲学などを広く教えた一生でした。アンペールはマルセイユで亡くなりましたが、後に息子のジャン・ジャックとともにパリのモンマルトルの墓地に埋葬されました。

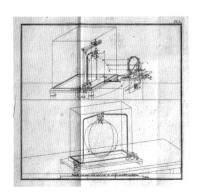

科学アカデミーに報告したアンペールの論文『2つの電流の相互作用について』より。金沢工業大学ライブラリーセンター所蔵

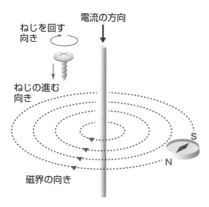

ねじを回す向き

電流の方向

ねじの進む向き

磁界の向き

S

N

右ねじの法則で考えられる電流と磁界の向き。ねじの進む向きが電流の向き、ねじを回す向きが磁界の向きにあたる

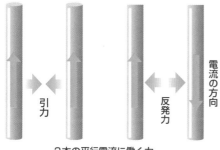

引力

反発力

電流の方向

2本の平行電流に働く力

⊗ S N S ⊗ 　 ⊗ S N S ⊙

〈紙面に垂直な方向を表す符号〉

ドット　紙面裏から表の
⊙　　方向を表す符号

クロス　紙面表から裏の
⊗　　方向を表す符号

アンペールの法則

一方で、電流の大きさによって、磁針の振れの大きさも変わりました。つまり電流の大きさと磁界の強さとの関連も見えてきました。「**アンペールの法則**」とは、導線（閉じた経路）の周囲にできる磁界の強さの総和は、それを流れる電流の大きさに比例する、というものです。

このようにして、電流の向きというものが意識され、方位磁針で描き出せる磁界との対応がとられました。さらに、磁針の振れの大きさにより、電流の大きさの定量化などが可能になってきたことで、電磁気の世界は次の段階に一歩を踏み込んでいきます。

微小粒子をイメージしたアンペール

ところで、アンペールは電流というものに対して、電気を帯びた無数の微小な粒子の流れ（分子電流）といった、後の電子に近いイメージを持っていましたが、当時はまだ賛同を得られませんでした。アンペールの業績を記念して電流の単位にはアンペア〔A〕が用いられています。

フランスのアンペールスクエアにあるアンペールの像

(((波及効果)))

「電流が流れる導線の周りに磁界が生じる」ことと、結果として「2本の導線の間に力が生じる」ことは、導線の片方を磁石に置き換えるという発想の転換をファラデーが行ったことで、モーターと発電機を生み出す研究につながっていきました。また、アンペールの発見した法則は後に、マクスウェル（p.108）によって、電磁波を表す4つの方程式の1つとされました。

アンペールの業績のひとつに、方向を持つ量（後のベクトル）の概念を用いたことが挙げられます。現在、多くの物理量がベクトルで表現されています。

オーム

ゲオルク・ジーモン・オーム（1787–1854年）／ドイツ

ドイツ生まれの錠前師の息子で、子どもの頃は自らも独学であった父から科学を学び、後に大学で博士号を取って数学の講師となりました。ケルンの理工学のギムナジウムで物理を教えながら実験を始め、電気関連の業績を多く残しています。

「オームの法則」により「抵抗」「電圧」の概念が確立

電流の性質を研究

アンペールの電気と磁気の関係の解明を追うように、オームは異なる方向から電流の性質を研究していきました。オームは温度差が熱の移動を起すように、電圧（電位差）によって起電力が生じ、導線に電流を流せると考えていました。電流の大きさを測る方法はアンペールによって確立されていたので、金属の種類や長さ、太さと電流の大きさの関係を調べています。

オームは、これらの実験で電源にボルタの電池を使っていたのですが、使用中に電流の変動が激しいので、それをやめて、2種の金属に温度差を与えた時に生じる電流を利用して実験しました。これは1821年にドイツの物理学者トーマス・ヨハン・ゼーベック（1770-1831年）によって発見された現象で、ゼーベック効果と呼ばれています。オームはさっそくこの発見を活用したのです。温度差を一定にして、一定の起電力で電流を流すことで、電流の強さは針金の断面積に比例し、針金の長さに反比例することを確かめました。

オームの法則がもたらしたもの

オームの著作の中でも特に有名な『**ガルバーニ電池―数学的に取り扱った―**』（1827年）、そこではボルタの発明によるボルタ電池（ガルバーニ電池）と、そこから生じる電流の電気現象を数学的に考察しており、前年に発表したオームの法則も述べられています。中学校では回路に流れる電流を扱う単元で、Vは電圧（電位差）、Iは電流、Rは抵抗として、V=IRという式とともに「オームの法則」という呼称を習います。

しかし、オームがこの関係性を述べた19世紀では、電圧（電位差）、**電気抵抗**という言葉はまだ存在しませんでした。オームが見いだしたのは「電流の強さと金属の長さ（つまり抵抗）の積は一定（これは電圧にあたる）である」ということでした。抵抗や電圧という用語として確定していませんでしたが、このオームの発見によってそれらの概念が確立していきます。

オームの著書『ガルバーニ電池―数学的に取り扱った―』（1827年）。金沢工業大学ライブラリーセンター所蔵

母国以外で評価された業績

オームが述べた関係性は回路を理解する上で大変重要な発見でしたが、不幸にもドイツでは見向

きもされませんでした。しかし、電信技術の開発が進むイギリスでは、電信網に重要になる金属の長さに関する法則の価値を認められ、後年、王立協会からメダルをもらっています。

その結果、ドイツでも再評価され、60歳でやっとミュンヘン大学で実験物理の教授になりました。オームの名前は抵抗の単位オーム〔Ω〕に残されています。

オームの時代のドイツとイギリスの違い

実は、オームによって発見されたとされる法則は、同じ関係性をイギリスのキャヴェンディッシュ（p.34）が発見しています。オームの発見からさかのぼること50年弱、1781年のことですが、キャヴェンディッシュはその発見を公表しませんでした。後日遺稿からこの事実がわかっています。オームは全く独自に同じ法則を発見したことになります。

ここからも想像できるように、当時、イギリスは科学において最先端を走っていました。イギリス、フランス、スペイン、オランダなどが植民地支配で富み、産業革命で社会構造が大きく変わっていった時代です。オームの法則が発見された19世紀前半頃は、産業革命後の様々な科学技術のおかげで、イギリスはとても力のある国でした。

一方のドイツは、18世紀末にやっと民族統一を進め、社会の近代化に舵を切ったばかりで、科学の研究でこそ多くの人が先端的に取り組んでいましたが、その研究内容が技術利用され、すぐに社会に還元されるには、あと少しだけ時間が必要でした。

電信は見えざる武器である、とイギリスの歴史家D・R・ヘッドリク（1941年-）が述べています。産業革命で先端を行ったイギリスでは、そのままの勢いで鉄道網と電信技術がほとんど同時に発達していきました。特に電信の発達の上で、課題点を大きく助けるオームの法則は、当時のイギリスにとって宝物だったのでしょう。

こぼれ話

人々の暮らしを一変させた「電灯」

オームが没して間もない19世紀後半は、発電所がどんどんできて電力網が広がり、有線通信は活発化し、瞬く間に電気が実用化していった時代でした。そのどれもが人々の生活を大きく変えましたが、当時のすべての人にとって、いちばん大きな変化は電灯という照明器具だったのではないでしょうか。1879年、アメリカの発明王エジソン（1847-1931年）は白熱電球を完成させ、世界に電灯を普及させました。白熱電球の実用化には寿命の長いフィラメントが必要で、その材料には京都の竹の炭が最も適しており、平均1000時間以上輝いたといわれています。日本の竹は1894年まで全世界に明りを灯し続けました。その後、金属のタングステンが利用されました。

「電気をつける」とは？身近な例から考えよう！

 皆さんが電気製品を使う時、コードのプラグをコンセントにさしたり、スイッチを入れたりしますね。そうしなければ電気製品は作動しません。ごく当たり前のようですが、それはなぜなのでしょうか。

電気の通り道「回路」が必要

考えるヒントは回路です。発電所や電池などで作られた電気は「電源」として利用することができますが、そのためには電気のエネルギーを光や熱、音や動きなどのエネルギーに変える部分である「電気製品」との間に、電気の通り道である回路を作る必要があります。中学校では電源は「電圧」、電気の流れを「電流」、電気製品は「抵抗」として、基本的な回路の学習をします。

電圧・ボルト〔V〕

電気を帯びた物体である電荷の周囲には電気的な影響力が働く空間があり、その広がりを電場（電界）と呼びます。電場の中で、他の電荷に働く電気的な力の強さ（向きも考える）Eを電場の強さ（大きさ）といい、$E=kQ/r^2$（kは比例定数、Qは電荷の電気量、rは電荷からの距離）〔$N/C=V/m$〕で表せます。また、電場の中での位置によって電荷に蓄えられる電気エネルギー（電気的位置エネルギー）の大きさを電位といいます。

電場の中の2点間の電位の差を電圧（電位差）と呼び、電位差がある2点を回路で結べば、回路に電流が流れます。

電圧の大きさは電圧計で測れ、単位はボルト〔V〕です。電圧のことを電気の流れを起こすことから起電力と呼ぶこともあります。

電流・アンペア〔A〕

電位差によって、回路に生じた電流は、川の流れのように回路に沿って進むので、回路に分岐があると流れる量が減ります。また電位が高い方から低い方に流れるので、電流の向きは、電池などの一方向に電流が流れ続ける直流電源ではプラスからマイナスと考えます。

電流の大きさは電流計で測れ、単位はアンペア〔A〕です。電流の正体である電子の移動はマイナスからプラスであり、電流の向きとは逆になります。

コンセントなどは電流の向きが始終逆転する交流電源です。1秒間に関東では50回、関西では60回変わります。そのため、向きは問題にせず、電流の大きさだけを注視します。

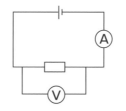

電流計と電圧計のつなぎかた

回路に対して電流計は直列に、電圧計は並列につなぎます

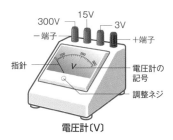

電圧計〔V〕

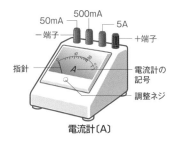

電流計〔A〕

抵抗・オーム〔Ω〕

電気の流れにくさを抵抗と呼び、その大きさの単位は**オーム〔Ω〕**です。

物質には電気を流しやすい**導体**と、全く流さない**不導体（絶縁体）**、少しだけ流れる**半導体**があります。

多くの金属は導体で、金、銀、銅などはとても電気を流しやすく抵抗をほぼ0〔Ω〕とみなしています。これらは導線に適しています。導体でも他の金属に比べると抵抗が大きいものにニクロムがあり、電熱線に使われます。抵抗では電気のエネルギーが熱や光などに変わります。抵抗のこの特徴を利用している電気製品も少なくありません。

導線のように同じ太さで長い物体の抵抗の大きさは、長さに比例し、**断面積**に反比例します。また、金属は温度が高くなるほど、抵抗が大きくなります。木やプラスチック、ガラス、ゴムなどは不導体で電気をほとんど通さないため、送電線の被覆、コンセント、様々な電子機器などの絶縁体として、多くの分野で活躍しています。

半導体は電圧や電流を制御する素子などに適していて、**集積回路**（LSI、IC）や**発光ダイオード**などの材料になっています。

回路とオームの法則

電源に導線だけをつなぐと、抵抗がほとんどない**ショート（短絡）回路**になり、**大電流**が流れて電源や導線が極端に発熱したり発火したりして危険です。

回路は抵抗で電気エネルギーを何かしら利用するために設計されています。電源があって、そこにどのぐらいの大きさの抵抗をつなぐと、どれだけ電流が流れるかを考え、その電流や抵抗で発生する熱や光に耐えうる構造が作られているのが、電気製品とそれを使用している私たちの家の配線です。

その基本となるのが電圧、電流、抵抗の間の関係を示した**オームの法則** $V〔V〕= I〔A〕× R〔Ω〕$ です。

9

電流

直列接続 ：R_1の抵抗とR_2の抵抗を1つの道筋の中にはめ込んだ回路

| 全体の抵抗 $R = R_1 + R_2$ | 電流 $I = I_1 = I_2$ でどこも同じ | 全体の電圧 $V = V_1 + V_2$ |

並列接続 ：R_1の抵抗とR_2の抵抗を分岐させた道筋のそれぞれ両方にはめ込んだ回路

| 全体の抵抗 $\dfrac{1}{R} = \dfrac{1}{R_1} + \dfrac{1}{R_2}$ | 全体の電流 $I = I_1 + I_2$ | 電圧は $V = V_1 = V_2$ でどちらも同じ |

電流と磁界の研究者・エルステッド

デンマーク黄金時代に生き、若き童話作家アンデルセンを援助

北欧の王国デンマークはユトランド半島と島々が集まった国です。ニールス・ボーア（p.150）やオーレ・クリステンセン・レーマー（p.50）、ノーベル賞を受けた生物学者ニールス・リュベリ・フィンセン（1860-1904年）、地震波の研究で知られる女性地質学者インゲ・レーマン（1888-1993年）らもデンマークの出身です。

世界で電気の研究が盛んであった19世紀の前半、デンマークは、政治的には激動の時代でしたが、芸術的にはドイツの影響により花開いた創作活動が盛んで黄金時代と呼ばれました。絵画、彫刻、建築、音楽、文学と様々な分野で世界に名を残す人々を輩出しています。1人だけ名を挙げるとすれば『人魚姫』で有名な童話作家ハンス・クリスチャン・アンデルセン（1805-1875年）です。電流と磁界の研究者ハンス・クリスティアン・エルステッドは、この黄金期を生き、若いアンデルセンを援助し、深い交友がありました。

エルステッドはほとんど独学でコペンハーゲンの大学に入って学び、後に物理学の教授になりました。電流が流れる導線のそばに方位磁針があると、針の向きが本来の向きと変わることに気づきました。そして、電流が流れることで周囲に何かしらの磁気的な影響力が放射されると考え、その正確な関係性や対称性を実験していきました。

一方で、哲学者であり、芸術家でもあったエルステッドは、「飛行船（Luftskibet）」という3人の会話形式の詩を残すなど、詩人でもありました。ギリシャ神話のイカロスの飛行を思わせるところのある作品は、黄金時代という芸術の花開いた当時のデンマークにおいて、科学も芸術も等しく人々が没頭する対象であったことを示してくれています。エルステッドはデンマーク特許庁の前身を創設しており、また、磁場の単位エルステッド〔Oe〕に名が残っています。

こぼれ話

3つの回路で豆電球の明るさはどう変わる？　p.103の関係を元に考えてみましょう

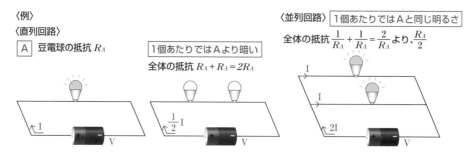

〈例〉
〈直列回路〉
A 豆電球の抵抗 R_A

1個あたりではAより暗い
全体の抵抗 $R_A + R_A = 2R_A$

〈並列回路〉 1個あたりではAと同じ明るさ
全体の抵抗 $\frac{1}{R_A} + \frac{1}{R_A} = \frac{2}{R_A}$ より、$\frac{R_A}{2}$

豆電球1個と乾電池1個の時の電流を1とすると、豆電球2個の場合は、

直列接続：豆電球1個の回路の時より全体の抵抗が2つの和で2倍になり、流れる電流は半分になる。
　　　　　回路内を流れる電流はどこも同じ大きさなので2つの豆電球の明るさは同じだが、電流の大きさは半分なので1個の時より暗い。
　　　　　1つの豆電球のフィラメントが切れて消えたら、そこで断線になり、回路が途切れるのでもう1つも消える。

並列接続：豆電球1個の回路の時より全体の抵抗が半分になり、流れる電流は2倍になる。
　　　　　電流は途中で半分に枝分かれして流れることになり、どちらの豆電球に流れる電流も半分になる。2つは同じ明るさであり、さらに豆電球1個の時と同じ電流が流れるので明るさは A と同じ。
　　　　　豆電球が1つ消えても、片方の回路は道筋が途切れないので、もう1つの明かりは消えない。

10 電磁波

ファラデー
(1791–1867年)

「電気」と「磁気」の切っても切れない関係を解明

マクスウェル
(1831–1879年)

理論的に「電磁波」があることを数式で示す

ヘルツ
(1857–1894年)

空間を伝わる「電磁波」は実在する

身近なエネルギー「電磁波」

電磁波は世界に満ちあふれるエネルギー伝搬の形態で、身の回りで最も利用されている波です。

「目」で見ることで、可視光域の電磁波を目という受容体で受け止め脳で認識し、情報として利用しています。日なたで体が温まるのは赤外線、日に焼けるのは紫外線の影響で、どちらも電磁波の一種です。このように、人は進化のほとんど初めの段階から電磁波の影響を受けた一方で、その正体を解明するまでには長い年月がかかりました。現在は電磁波の波長ごとの特性がわかり、様々な場面で活用しています。

ギリシャの昔から磁石や静電気の性質は追究され、科学者たちは実験を重ねて、電池という継続的に電流を作り出す方法を考え出しました。その結果、電気と磁気の研究はさらに発展し、この2つが切っても切れない関わりを持つことがはっきりしていきました。

ファラデーは、電流同士の相互作用の原因は、電流の周りに生じる磁界にあることから、磁石と電流の間にも同様の**相互作用**があると考え、磁石と電流で導線を「動かせる」と思いつきました。ふつう物を「動かす」には直接何かが物体を押す必要がありますが、例えば万有引力は離れた物同士で働きます。電気と磁気の力も同様に離れていても働き、条件次第では物の「動き」が生じます。これが成功し、さらに運動を継続させる工夫をしたのが現在のモーターです。ファラデーは、磁石を動かすことで電流を流す**電磁誘導**という現象も発見しました。この発見が発電機となって今日の電気を中心とした社会を支えることになります。

アンペール（p.98）やファラデー、ガウス（p.90）らの法則をまとめ、電気と磁気の関係を数式で表したのが**マクスウェル**でした。2つが一緒に伝わる「電磁波」の存在を予言し、「光」はその一種であることも示しました。後にこの理論は**ヘルツ**によって実験的に確定されました。

ファラデー

マイケル・ファラデー（1791−1867年）／イギリス

　イギリスの貧しい家庭の出身でしたが、本屋で奉公する過程で多くの本に触れ、独学で科学の道に進み、王立研究所の助手になりました。コンデンサーなどに使われる静電容量の単位「ファラッド〔F〕」はファラデーに因んでいます。モーターや電磁誘導といった貴重な発見を数多く残しました。

「電気」と「磁気」の切っても切れない関係を解明

ファラデーの公開実験

　ファラデーの『ロウソクの科学』という本をご存知ですか（図1）。この本はファラデーが王立研究所で子ども向けに行ったクリスマス講演の内容を本にしたもので、日本でも長く読み続けられています。ファラデーが電動機の公開実験を王立研究所で行った時に、観衆の婦人が「この新しいおもちゃは何の役に立ちますか」と尋ねました。ほんのちょっと針金が動くだけの電動機がそれほど魅力的に思えなかったのでしょうか。ファラデーは「生まれたばかりの赤ん坊がなんの役に立ちますか」と返答したと伝わっています。この発見が世界を変えたモーターの第一歩です。

図1　『ロウソクの科学』ファラデー著　竹内敬人訳

モーターの始まり

　1821年、ファラデーは、電流の磁気作用を用いて、連続した運動を生み出すことに成功しました。それはこんな装置です。容器の中には水銀が入っていて、縁の内側には電極がついています。中央に銅の導線をぶら下げて水銀につけてあり、導線と電極を電源につなげると、全体に電流が流れるようにできています。針金のそばに磁石が立っていて、電流が流れると、磁石との相互作用でぶら下がった導線が動くというものです（図2の右側）。逆に、磁石を可動にして導線の周りを動くようにしたものも作りました（図2の左側）。

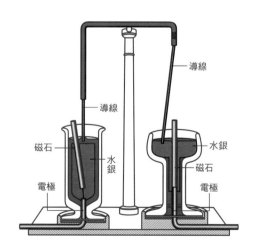

図2　この装置は、電極から水銀を介して導線へと回路がつながっていて、全体に電流が流れる

電磁誘導の発見

　さらに、つるした磁石の下で銅板を回転させると、磁石がそれにつれて回転することがファラデーにより見いだされると、研究者たちはより深い関わりを見いだそうと、電気と磁気の相互作用を追究しました。電流が磁気を生み出すならば、磁気も電流を引き起こすのではないかという考えはアンペール（p.98）達も持っていましたが、静止した磁石で電流を発生させることはできませんでした。モーターの始まりとなった実験から10年後の1831年、ついにファラデーは、磁界に変化を起こすと電流が発生すること（<u>電磁誘導</u>）を発見します。鉄の輪に2組のコイルを巻いて、片側

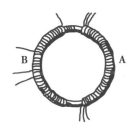

図3　同一の鉄の輪に巻いてあるが、AとBはそれぞれ別々のコイル。片側のコイルに電源をつないで電流を流すと、もう片方のコイルに電流が生じるのを計測することができた

のコイルに電流を流し始めたり、切ったりすると検流計の針が振れました（図3）。また、棒磁石をコイルに出し入れしても電流が生じることを確かめました。ファラデーと同じ頃、アメリカの物理学者で、スミソニアン博物館を運営する学術協会の初代会長ジョセフ・ヘンリー(1797-1878年) も電磁誘導を発見しています。

(((波及効果)))

　ファラデーの電磁誘導発見から50年、世界初の電灯用発電所がロンドンに建設されました。電磁誘導から発電機が作られ改良されるのと並行して、モーターの改良も進んで、私たちは電気を簡単に利用できるようになり、また小回りの利くモーターが<u>蒸気機関</u>に取って代わっていくようになりました。

こぼれ話

教養としての科学の広がり

　ファラデーは講演上手で王立研究所の金曜夜の講演はいつも満員だったようです。また子ども向けのクリスマス講演では、子ども達とともにドレスの婦人の姿も多く見られ、科学が教養として広く人々の興味をかき立てていたことを教えてくれます。

　王立研究所のこういった講演は現在に至るまで続けられています（写真右）。

1855年に王立研究所でクリスマス講演を行ったファラデーの様子

現在も続く王立研究所での講演会。写真は2015年12月1日の講演会の様子

マクスウェル

ジェイムズ・クラーク・マクスウェル（1831−1879年）／イギリス

イギリス（スコットランド）で生まれエディンバラ大学で学んだ理論物理学者です。電磁気以外にも、気体分子運動論や統計熱力学の研究でも知られています。土星の輪が板状ではなく無数の粒でできていることを理論的に証明しました。熱力学に関して提示された「マクスウェルの悪魔」という思考実験は有名です。

理論的に「電磁波」があることを数式で示す

通信技術が進歩した時代

電池が発明され、電気と磁気の関わりがだんだん解明されてくると、あっという間に情報のやり取りが電気を利用したものとなっていきます。有線の電信機が1837年にはイギリスで、その7年後にアメリカで実用化されました。

このように、普及した有線通信からの脱却の糸口となったのが、19世紀後半の電磁波の予言と検証でした。

電気や磁気の諸法則

マクスウェルはファラデー（p.106）が電磁誘導を発見した年に生まれていて、後にファラデーの著書『電気学の実験的研究』に述べられた概念に大いに刺激を受けました。電気や磁気を帯びたものがあると、その周囲には物理的に影響力を持つ空間がある程度の範囲広がります。それを、電界（電場）や磁界（磁場）と呼びます。電磁誘導の法則で磁界の変化で電流が生じる、つまりは電界を生じることがわかっていました。

一方で、アンペール（p.98）によって電界の変化は磁界を作ることも示されていました。

さらに、ガウス（p.90）によって電荷や磁気の空間での広がり方が明らかになっていきました。

法則を統合、マクスウェルの方程式

マクスウェルは1864年にこれらをまとめて、電

キャヴェンディッシュ研究所の初代所長に

今日「マクスウェルの方程式」と呼ばれているのは、マクスウェル自身が書いたものとは違って、後年ヘルツ（p.110）らが整理した表現になっています。

マクスウェルは現在もイギリスの科学界を率いるキャヴェンディッシュ研究所の設立に貢献し、1874年に初代所長になりました。

後年、アインシュタインがケンブリッジを訪問した際には、イギリスの物理学者であるニュートンとマクスウェルに思いを馳せ、自分の研究を支えた業績はマクスウェルがより大きいと敬意を表しています。キャヴェンディッシュ（p.34）の遺稿を発見、まとめて紹介するなど、自身の研究はもとより、他にも素晴らしい仕事を遂行中だったマクスウェルですが、残念なことにがんで48歳で亡くなりました。

界の時間的変化が磁界を生じさせ、その逆も可である（電界と磁界の対称性）という仕組みをモデル化し、ベクトル解析を利用して、言葉ではなく数式で示しました。電磁気を統一的に表現した一組の方程式は「マクスウェルの方程式」と呼ばれています。そして、マクスウェルは電磁波の存在を予言、その伝搬速度が光の速度に等しいことを証明し、光が電磁波であることを示しました。

物理学を大きく変えた「場」の理論

　マクスウェルに影響を与えたファラデーは、様々な大発見よりも、なぜそのような現象が起きるのかを問い続けました。ファラデーは、電磁石と鉄の塊が離れていても引き付け合うのは、ニュートン（p.32）が言うところの互いの「遠隔作用」が働くのではなく、電磁石と鉄の塊の間の何もない空間に、力を伝える何かがある、何かが宿っていると考えました。ファラデーは、何かが宿っている特別な空間を「場」と呼ぶことにしました。つまり、磁石が作った特別な空間「磁場」から、鉄は力を受けるととらえたのです。

　しかし、ファラデーは自分の考えに確信が持てませんでした。彼は、高等教育を受けていないことで、常に同業者の批判の目にさらされていたことがその大きな理由でした。そこに現れたのがマクスウェルです。マクスウェルは14歳の時に『卵形曲線の書き方』と題する論文をエディンバラ王立協会に提出しましたが、あまりに高度な内容に、初めは本人が書いたものと信用されなかったほどの数学的才能に恵まれていました。それで、ファラデーの「場」の考え方を「マクスウェルの方程式」にまとめることができたのです。

　その後、「場」の理論は電磁気学だけでなく量子力学で「量子場」、宇宙論で「重力場」と、現代物理学を論ずる上で欠かせないものになりました。

　「場」の考え方の簡単な例を挙げてみましょう。磁石の周りに砂鉄をまくと、その砂鉄が磁石の一端から他端につながる、曲線状の模様ができます。砂鉄の代わりに小さな方位磁石を置くこともあります。すると、磁針の向きは号令でもかけ

られたように弧を描きます。この描かれた弧は磁力線と呼ばれます。電荷の周辺でも、同じような線を描く実験を行うことができて、この線は電気力線と呼ばれます。

　地図の等高線では線の間隔が狭いと勾配が急だと判断します。磁力線も電気力線も磁気の世界、電気の世界での強度の地図のようなものです。

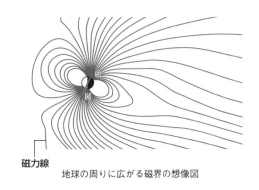
磁力線

地球の周りに広がる磁界の想像図

(((波及効果)))

　マクスウェルの方程式を前提とした光速度について、当時の科学者はニュートンの運動の法則と矛盾する点を指摘して、方程式は近似的であると考えていました。しかし、後にアインシュタイン（p.138）の特殊相対性理論が登場したことで、マクスウェルの正しさが証明されました。その結果、ニュートン力学にも限界があることがわかり、物理学の世界は新しい段階に踏み出すことになります。

研究の集大成となる著書『電磁場の力学的理論』、金沢工業大学ライブラリーセンター所蔵

ヘルツ

ハインリヒ・ルドルフ・ヘルツ（1857–1894年）／ドイツ

ドイツの富裕層出身の物理学者で、ベルリン大学においてキルヒホッフ（1824–1887年）やコイルに名が残っているヘルムホルツ（1821–1894年）といった、高校物理ではおなじみの物理学者に学びました。電磁気の他にも気象学や接触応力などの研究を行っています。電磁波の実証にちなみ、振動数（周波数）の単位はヘルツ〔Hz〕です。

空間を伝わる「電磁波」は実在する

マクスウェルの方程式がきっかけ

ヘルツは大学では実験物理を学びましたが、就職して初めは数学を教えることになりました。そこで改めて、マクスウェルの方程式を数学的に把握します。その後再び実験物理に携わることになったところ、ふとしたきっかけで片方のコイルの端子間で放電を起こすと、そばにあった別のコイルの端子間でも火花が飛ぶことに気づいたのです。この離れたコイル間の空間を伝わったものこそが、マクスウェルによって存在が予言された電磁波ではないかと考えたヘルツは、本格的に電磁波を発生させるための装置と受信体の組み合わせの研究に取り組みました。

実験で電磁波の存在を確かめる

ヘルツの考案したアンテナは、電磁波を発生する側に大きな2個の蓄電球とそこからそれぞれ1m伸びた導線でつながる小球を電極として数ミリの間隔で配置したものです（図1）。それがライデン瓶や誘導コイル、スイッチなどを組み合わせた回路につながっていて、振動電流により小球間に周期的に高電圧がかかるたびに放電が起きて、およそ60MHz以上の振動数の電磁波が放射されます。

一方の受信アンテナは一巻コイルの形をしていて、導線の両端にすき間があり、電磁波を受信するとそこに火花が飛び、それを拡大鏡で確認する

こぼれ話

自身の発見の実用性を認識していなかったヘルツ

無線通信への道を開いたことになるヘルツですが、彼自身は電磁波の実用性をあまり認識していませんでした。技術的に困難だったこともありますが、今後どのような役に立つのかという問いには、自分の実験がマクスウェルの正しさを証明しただけだと答えていたそうです。

しかし、人々はヘルツの装置に注目して改良を重ねました。例えば、無線通信の貢献で

ドイツで発行されたヘルツの切手

ノーベル賞を受けたイタリアのマルコーニ（1874-1937年）もそのひとりです。

というものでした。

この装置を利用して、1888年、ヘルツは電磁波の存在を確かめることに成功したのです。

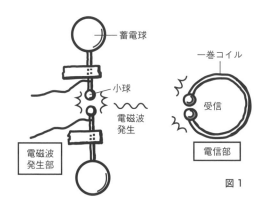

図1

宇宙空間を伝わる電磁波

太陽や星々から出た光は宇宙空間を経て地上に降り注いできます。6章「光その1（波としての探究）」でも光に関して、波動説と粒子説の論争があったことは述べましたが、波動説を述べたフック（p.30）は宇宙空間に光を伝えるエーテルという媒質を考えていました。

19世紀までの科学者は、エーテルが存在するとして様々な特性や性質を考えて光の伝搬を説明しようとしていましたが、その検出実験などが重な

るほど、立証は逆に困難になっていきました。

電磁波や光、その速度や伝搬の原理などは、次々に新たなベールが開かれるので、まだまだ理論が流動的でした。マクスウェルの方程式と、ヘルツによる実証などにより、それがはっきりしていきます。やがて、私たちが今まで根拠としてきた「地上」での観測が絶対的なものではなく、地球そのものの運動に影響されていることが理解されていきます。

(((波及効果)))

電磁波は、有線の導線が届かないはるか遠くまで届くため、すぐに通信手段へと利用されました。つまり、ヘルツの実験が無線通信への道を開いたわけです。それによって情報革命が起こり、そして現在のネット社会へと発展してきました。また、遠い宇宙にまで届くため、地上にいながら宇宙船の制御や観測データの取得も可能になりました。また、アインシュタイン（p.138）による特殊相対性理論の登場の呼び水となったといえるでしょう。

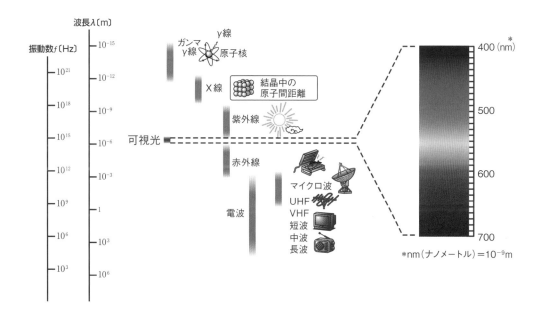

電磁波って何だろう？
身近な例から考えよう！

アンテナやリモコンから発信されるもの、ラジオや電話の電波通信や光通信、地上に降り注ぐ太陽の光、紫外線、遠い宇宙からの電磁波……。見えないけれどもなじみ深いこれらの存在は、総称して電磁波と呼びます。

電荷の移動と磁界

電気や磁気は、空間を越えて作用し、光は離れた場所まで伝わります。現代は、電波や光を使って情報をやりとりするのが当たり前になっています。

電流が流れる導線の周りには磁界ができますが、実は電荷が動くだけでもその周囲には磁界が生じます。

静電気の発生や生体内の**イオン**の移動など、電荷の移動は様々な形で私たちの周囲にあり、そのすべてで磁界を伴っています。

上下どちらの場面にも電荷の移動が生じていて、そこには弱いながらに磁界も生じています

磁界が電荷に及ぼす力

ある磁界の中で電荷が移動すると、自身の磁界と相互作用して、電荷は進行方向に垂直な力を受けます。

運動する電荷に磁界が及ぼす力を**ローレンツ力**といいます。

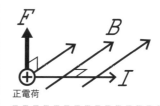

I：正電荷が動く方向（負電荷なら逆向きで考える）
B：ある磁界の向き
F：ローレンツ力の方向

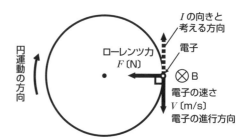

磁束密度B〔T〕の一様な磁界が紙面と平行な平面に垂直に加わっている

一様な磁界内で移動する点電荷がローレンツ力を受けると、常に進行方向に垂直な方向にFの力を受けるので、円運動を起こします

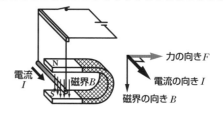

磁石のそばで導線に電流を流すと力を受けて導線が動くのも、源はこの力によります

磁石の間でコイルに電流を流すと、コイルは力を受けて動きます。構造を工夫すると、コイルが磁界の中で回転し続けるようにできます。これが**モーター**の原理です。

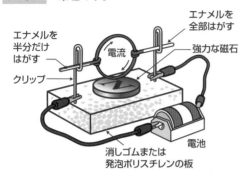

電流を流すと丸い輪が回転する

電磁誘導とは

コイルの中で磁石が動くなど、導体のそばで磁界が変化すると、その瞬間だけ導体内で電荷の移動が起こり、電界が生じます。この現象を**電磁誘導**、生じた電界による起電力を**誘導起電力**と呼びます。この際に回路が閉じていて、起電力により電流が流れる場合、**誘導電流**が生じたといいます。

磁石の間でコイルを回転させる、あるいはコイルの間で磁石を回転させることで、コイルにとって磁界の変化を作ると、コイルには起電力が生じます。これが**発電**の原理です。

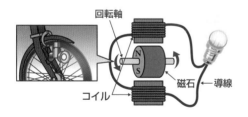

自転車のライトは、車輪の回転を利用して発電している

光速で伝わる電磁波

このように、電気と磁気の力は実は多くが対で扱うことになり、2つを合わせて**電磁気力**と呼びます。

電界が時間的に変化するとそれに伴って磁界が発生し変動します。同様に磁界が時間的に変化すると電界が発生し変動します。この時の互いの向きは**垂直**です。

この変化が振動的に続くと、電界と磁界の振動が対で次々に伝わる電磁波になって、空間を伝わっていきます。

電磁波は真空中でも伝わりますが、**反射**、**屈折**、**回折**、**干渉**、**偏光（偏波）**など、音（p.70）と同様に波の性質を持っています。

電磁波の速さは**光速度** $c = 3 \times 10^8$〔m/s〕として知られています。

電磁波の種類と利用

電磁波は、波長がkm単位となる長いものから、10^{-15}m程度という極めて短いものまで幅が広いのが特徴です。波長が長い（**振動数***が低い）ものを長波や中波、短波などの**電波**、それより短くなって赤外線、400nm程度から650nm程度の範囲が私たちの視野を作る**可視光線**、さらに短くなると紫外線、X線、ガンマ線と続きます。このうち、赤外線から紫外線までの範囲を一般的に光と呼んでいます。X線とガンマ線は**放射線**として扱われます。

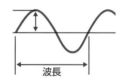

波長

*振動数　1秒間に何回振動するかを表します（1波長の振動を1回と考えます）。
電磁波においては　波長〔m〕＝光速度3×10^8〔m/s〕÷振動数〔Hz〕　の関係があります。

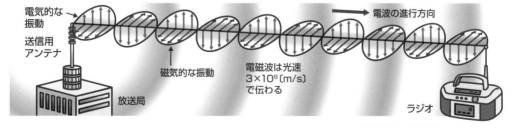

電気的な振動
送信用アンテナ
磁気的な振動
電磁波は光速 3×10^8〔m/s〕で伝わる
電波の進行方向
放送局
ラジオ
電波がやってくると、アンテナに振動する電流が流れる

電波とはどんな電磁波か

電波を利用するには許可が必要

電波には、波長が長いものから短いものまで広い範囲の電磁波が含まれますが、利用という観点からの種類は電波法という法律で決まっています。まず、電波は振動数（周波数）が3T（テラ＝10^{12}）Hz以下（波長1mm以上）の電磁波のことを指します。

波長の長い電波には10万kmから1000km程度という非常に長い波があり、水中の潜水艦の通信などに使われます。100km程度までを極超長波、さらに10km程度までが超長波、1km程度までが長波と呼ばれ、この辺になると電波時計や長波放送に活用されます。

1km〜100mが中波、100m〜10mが短波と呼ばれ、ともに放送で活躍します。短波は、アマチュア無線や業務通信にも使われます。

ちなみに、運動会の100m走を思い出してみてください。短波はそんな長さをかけて波が山谷の一周期を描くのです。一方、1000kmなどという長波はずいぶんゆったりとした変動ですね。

10m〜1mが超短波、私たちの身長に近い数字もこのあたりでしょうか。VHFテレビの放送に使われます。

1m〜100mm（＝10cm）は定規くらいの長さで一周期を描きます。極超短波と呼ばれ、地デジ放送などや携帯電話、GPS、電子レンジもこのくらいの波長です。100mm〜10mm（＝1cm）はセンチメートル波、無線LAN、衛星放送、高速道路のETCなどに使われています。10mm〜1mmがミリ波で、電波天文台で大活躍しています。

このように様々に使われる電波ですが、電磁波の波長の範囲は限られており、皆で無駄なく、問題を起こさず使えるようにするために、免許制度をとっています。無線従事者免許は電波を使いたい人が取る免許で、取得には国家試験を受ける必要があります。

しかし、携帯電話ではサービスを提供している会社が、テレビ放送などではそれぞれの放送会社が、法律的な許可を得て電波を利用しているので、個人である私たちは免許なしでその電波を利用することができます。

ラジオ放送　テレビ放送　BS（衛星放送）

それぞれ利用されている
波長が違う

年表❹　電磁気学の発展と科学者たち

ギリシャローマ時代	紀元前10世紀頃	遊牧民が鉄を引き付ける石を見つけた
	紀元前6世紀頃	ギリシャの哲学者タレス（前625−前547年頃）琥珀をこすると細かい物を吸い付けることや、天然磁石について言及
	紀元前1世紀頃	ローマの哲学者ルクレティウス（前95−前55年頃）磁石が鉄に作用する力の原因述べる。残した詩が後に原子論の発展につながる
	77年頃	ローマの博物学者プリニウス（23−79年）が「博物誌」で磁石の不思議について言及

ギリシャの知識は、7世紀頃にはアラビアに伝わり、11世紀以降徐々に、再びヨーロッパにもたらされ、ルネッサンス期以降に再注目される

1267−68年	ロジャー・ベーコン（1220−1292年）　実験科学を提唱、最先端のアラビア科学を伝えた
1600年	**ウィリアム・ギルバート**（1544−1603年）『磁石論』を出版
1663年頃	オットー・フォン・ゲーリケ（1602−1686年）　1650年に真空実験に成功した後、摩擦起電機発明、以後電気の研究に力を入れた。コペルニクスの地動説を支持
18世紀中盤	静電気をためるライデン瓶の登場
1752年	ジョン・ミッチェル（1724−1793年）とジョン・カントン（1718−1772年）人工磁石を製作、作り方を本にした
1752年	ベンジャミン・フランクリン（1706−1790年）　雷の電気を、凧を通してライデン瓶にためた
1767年	ジョゼフ・プリーストリー（1733−1804年）　電気の歴史と静電気を俯瞰した本を発表
1776年	平賀源内（1728−1780年）　エレキテル再現
18世紀後半	欧州のサロンで静電気のデモンストレーション実験が盛ん
1785−1789年	**シャルルオーギュスタン・ド・クーロン**（1736−1806年）電気や磁気の力と距離の関係を論文にして次々に発表した
	ジョン・ロビンソン（1739−1805年）、フランツ・エピヌス（1724−1802年）、ヘンリー・キャヴェンディッシュ（1731−1810年）らも、独自にクーロンと同様の関係を見いだした
1791年	ルイジ・ガルバーニ（1737−1798年）「筋肉の運動における電気力について」を著す
1799−1804年	アレクサンダー・フォン・フンボルト（1769−1859年）　世界中を探検、各地の地磁気の強さの相違発見
1800年	**アレッサンドロ・ボルタ**（1745−1827年）　ボルタの電堆を発表
1807年	**カール・フリードリヒ・ガウス**（1777−1855年）　ゲッティンゲン天文台長になる
19世紀初頭	江戸でも静電気のデモンストレーション実験「百人おどし」が行われる
1820年	ハンス・クリスチャン・エルステッド（1777−1851年）電流が磁針に作用する
1820年	**アンドレ・マリー・アンペール**（1775−1836年）　2つの電流の相互作用について発表
1821年	**マイケル・ファラデー**（1791−1867年）　電流の磁気作用で連続運動を作り出す（モーターの原理）
1827年	**ゲオルク・ジーモン・オーム**（1787−1854年）　オームの法則発表
1831年	ガウス　ヴィルヘルム・ヴェーバーと電磁気に関する共著。磁気の法則や単位を提示
1831年	**ファラデー**　電磁誘導の法則発表。同じ頃ジョセフ・ヘンリー（1797−1878年）も電磁誘導発見
1837年	イギリスで有線電信機実用化
1864年	**ジェイムズ・クラーク・マクスウェル**（1831−1879年）　電磁波の存在を理論的に提示
1879年	トーマス・エジソン（1847−1931年）　白熱電球完成。電気による照明の普及始まる
1885年	志田林三郎（1856−1892年）　水面を導体とした無線通信実験
1888年	**ハインリヒ・ルドルフ・ヘルツ**（1857−1894年）　電磁波の存在を実験的に証明
1894年	グリエルモ・マルコーニ（1874−1937年）　電波による無線通信実験に成功

狭くとも、深くあれ。

—— カール・フリードリヒ・ガウス
(1777–1855年)

何かが起こったら必ず、特にそれが新しいものの時は、「原因はなんだろう、どうしてこうなるんだろう？」と考えるべきなのです。
いずれその答えが見つかるでしょう。

—— マイケル・ファラデー
(1791–1867年)

仮に分子の動きを観察して制御できる悪魔が存在すると、温度差のないところからエネルギーを取り出すことができる。

—— ジェイムズ・クラーク・マクスウェル
(1831–1879年)

11 原子の構造

J.J. トムソン
（1856-1940年）

電子の存在を証明

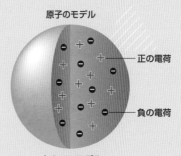

正の電荷

負の電荷

トムソンモデル
（スイカ型モデル）

長岡半太郎
（1865-1950年）

当時の常識に惑わされず原子論に着目、業績あげる

ラザフォード
（1871-1937年）

放射線の研究を応用、原子の構造を解明

長岡モデル
（土星型モデル）

着想は紀元前、解明に2000年以上

　物をどんどん分割していったら、どうなるのかという問いかけは、ギリシャの昔からありました。デモクリトス（前460-370年頃）はもうこれ以上は分けることができないという究極の粒子に原子という名前をつけました。

　ローマの哲学者ルクレティウス（前95-前55年頃）は、デモクリトスの原子論を受け継いだエピクロスの考えを「物質の本質について」という詩にしました。散逸した写本が、15世紀に入り修道院の屋根裏部屋で偶然発見されたことにより、原子の考えはガッサンディはじめ多くの人が知るところとなりました。しかし18世紀まで、原子は実際に存在する物か、頭の中で想像するだけの物かという論争が続きました。それは原子が目に見えないくらい小さいからです。その論争に終止符を打つきっかけを作ったのが、植物学者のブラウンです。ブラウンは、水中の微粒子の運動について、後世の科学者に疑問を投げかけました。

　20世紀に入りアインシュタイン（p.138）は、水中の微粒子の数は、重力があることで容器の底から上に行くにしたがい一定量ずつ少なくなるはずだと考えました。1908年フランスのジャン・バティスト・ペラン（1870-1942年）は、様々な高さにある微粒子を数え、その数とその他の実験結果をアインシュタインの理論の方程式に代入しました。そして、ついに水の粒すなわち分子の大きさを求めることができたのです。このことで、水の分子が現実に存在すると確かめられたのです。

　さて、この後は怒濤の展開です。**J.J. トムソン**によって原子が究極の最小単位の粒でないことがわかります。原子の中の構造について、トムソンと明治時代の日本人物理学者の**長岡半太郎**は全く異なるモデルを考えます。トムソンの弟子**ラザフォード**は、精密な実験によって皮肉にも、師であるトムソンのモデルよりも長岡のモデルの方が、より本質に近いことを見いだします。

J.J.トムソン

ジョゼフ・ジョン・トムソン（1856-1940年）／イギリス

マンチェスターで生まれ、ケンブリッジ大学トリニティカレッジで学びました。28歳でキャヴェンディッシュ研究所実験物理学教授に就任して、多くの弟子を育て上げたことは大きな功績です。自身の受賞だけでなく、8人の弟子がノーベル賞を受賞、ラザフォードもそのひとりです。1915年から1920年まで王立協会長を務めました。

電子の存在を証明

陰極線の正体こそ電子

トムソンの最も大きな業績は、電子の存在の証明です。レントゲンがX線を発見した頃、真空中を陰極から陽極に向かう陰極線の正体について、あれこれ議論が交わされていました。トムソンは図1のような実験装置を作成し、陰極線の流れに電場をかけ、陰極線が曲がることから、陰極線がマイナスの電荷を持った小さな粒子の流れであることを実証しました。さらに、電場と磁場（p.92）の両方をかけて、陰極線の曲がり具合を測定し、その粒子の電荷と質量の比（比電荷）を求め、この粒子は後に「電子」と命名されました。陰極金属をアルミニウム、鉛、錫、銅、鉄といろいろと変えて実験しましたが、発生する電子はすべて同じ性質を示しました。

こぼれ話

人間的な魅力で多くの科学者ひきつける

トムソンの息子であるジョージ・ペイジェット・トムソン（J.P.トムソン）も物理学者であり、1937年に電子線回折の業績によってノーベル賞を受けています。J.P.トムソンによる父親の伝記からは、トムソンが実に"人間的な"人であったことがよくわかります。したたかな野心と直観をもとに行動し、先入観にとらわれて迷うこともあり、一般にイメージされる論理的に筋道立てて動く科学者ではなかったようです。

しかしながら、そういう人柄が多くの科学者をひきつけ、彼がリーダーであったケンブリッジ大学のキャヴェンディシュ研究所は、当時の物理学の聖地となったのです。

研究所の門の扉には、初代所長のマクスウェ

キャヴェンディッシュ研究所の1898年の研究生たちと。前列中央、腕組みをしているのがトムソン

ルが選んだ旧約聖書詩篇の一節が刻まれています。

「偉いなるかな、主のみわざ、むべなり、みわざによりて歓喜を亭けし者、なべて、そのたくみを、明らめんとする」

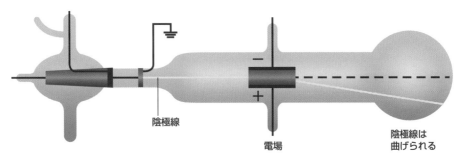

陰極線

電場

陰極線は
曲げられる

図1　トムソンの実験装置

原子よりも小さい粒子が電子

　また、電子の電荷を測定し、水素イオンの電荷とほぼ同じであったことから、水素イオンの質量と電子の比電荷によって、電子の質量は水素原子の約1/1800であることがわかりました。このようにして、電子がすべての原子に共通する粒子であることが明らかになり、それまで最小の粒子であると考えられていた原子が、電子とそれ以外の部分で成り立っていると考えられることから、原子の構造について活発に議論されるようになったのです。

実験中のトムソン

(((波及効果)))

　トムソンが1904年に発表した原子モデルは、スイカモデル、またはパンプディングモデルと言われます。これは、原子全体に正の電荷が広がっていて、電子はそこに点在しているというモデルです。原子はもともと電気的に中性なので、正の電荷量と負の電荷である電子の全電荷量は同じであるはずです。

　つまりスイカの赤い部分が正の電荷、種が電子ということです。イギリスのお菓子パンプディングには干しブドウが入っているので、それが電子に例えられることもあるのです。

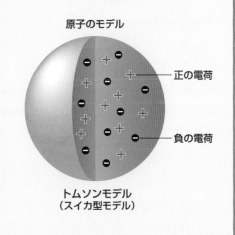

原子のモデル

正の電荷

負の電荷

トムソンモデル
（スイカ型モデル）

長岡半太郎

長岡半太郎(1865-1950年)／日本

　長崎県大村藩藩士の家に生まれ、明治政府の役人として欧米視察をした父の影響で、1893年から3年ほどドイツに留学しました。留学中、イギリスのマクスウェルやオーストリアのボルツマンの原子や分子の存在を前提とした理論に関心を寄せ、原子論の論文を勉強しました。帰国して東京大学教授となり、多くの科学者を育てました。

当時の常識に惑わされず原子論に着目、業績あげる

土星型モデルを考案

　1904年長岡は、J.J.トムソンのスイカモデルとは異なる原子モデルを提案しました。長岡は、スイカモデルのように、正電荷と電子が混在することはないと考えました。そして、マクスウェルの土星の輪に関する論文をヒントに、中心に正電荷が集まり、その周りを電子が回って土星の輪のようになる「土星型モデル」を掲げたのです。土星型モデルが実際の原子の様子を的確に表していることは、7年後の1911年に、皮肉にもトムソンの弟子であるラザフォードによって確認されました。

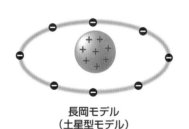

**長岡モデル
（土星型モデル）**

　実は、フランスのペランは、1901年に発表した論文で、電子は、太陽を中心とした惑星のように正電荷を中心としてその外側を回転しているという「原子の核―惑星構造」と呼ばれる模型を提案していました。しかし、ほとんど定性的な議論で、この模型の力学的電磁的な安定性については何も論じられていませんでした。

　長岡は、当時このペランの論文を知らなかったと推測されています。つまり、全く独自に土星型モデルを提案したのです。さらに、原子のスペクトルや放射能現象を、当時としては明確に説明していて、後にはファンデルワールス力についても言及するまでになります。

　土星型モデルを検証したラザフォードと長岡の間には交流があり、1910年マンチェスター大学を訪問して、帰国した後には14ページもの手紙を書くほどでした。

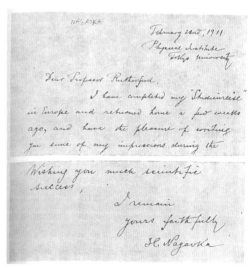

長岡からラザフォードへ宛てた1911年2月22日付の手紙の初め（上）と終わり（下）

長岡がもたらしたX線発見の報

長岡は留学中、原子論を学ぶために、留学先の
ベルリン大学からミュンヘン大学に移っていま
す。その後、ベルリン大学に戻った時、レントゲ
ン（p.128）のX線の発見の知らせを聞き、日本
にいち早く知らせました。長岡が帰国後、ベクレ
ル、キュリー夫妻、ラザフォードと怒涛のごとく
研究成果が発表され、長岡は逐一、日本国内の雑
誌にそれらを紹介しています。

長岡モデル、そして後にラザフォードが
検証する土星型モデルでは、電荷を持った
電子が中心に向かって引っぱられ円運動す
ると考えます。すると、運動する電子は電
磁波を放出するのでエネルギーを失い、
円の中心に向かって"落ちて"いくことに
なって実在の原子の状態と矛盾してしまい
ます。その後、ボーアの提唱した水素原子
のモデルによってその難点は解消され、原
子やその中心にある原子核の構造の解明は
進みました。

こぼれ話

留学経験生かし、多くの後進育てる

長岡は、父親の仕事にともない10歳で東京
の湯島小学校に入学しますが、詰め込み式の
教育に反発し間もなく落第しました。東京英
語学校（東京大学予備門）、大阪英語学校など
を経て、東京大学理学部で学びました。

長岡は、在学中イギリス人教師C.G.ノット
に随行して全国の磁気測定をしたことから、
研究生活に入った当初は「磁気のひずみ」に
ついて研究しました。その研究は本多光太郎
に受け継がれ、磁気学は日本の物理学でお家
芸的な位置を確立しました。

長岡が留学中、ベルリン大学には、「エネ
ルギー保存の法則」の提唱者ヘルムホルツ
（1821-1894年）、音響学の権威クント（1839-
1894年）、そしてプランクがいました。プラ
ンクは後に量子力学の先駆者となるのです
が、長岡が留学した当時はまだ原子の世界に
は興味を持ってはいませんでした。目に見え
ない原子や分子の存在を仮定することは、自
然科学的ではないという考えが強かったから
です。それに対して、長岡は、原子論は「ボ

イル・シャルルの法則」など、現実の気体の
現象を的確に説明しているという事実に注目
したのです。そこで、ベルリン大学からボル
ツマンのいたミュンヘン大学に移り、原子論
を学んだ後、再びベルリン大学に戻り、帰国
して東京大学教授となりました。

本多光太郎、石原純、寺田寅彦、仁科芳雄
ら多くの物理学者を育て、また、大阪大学の
初代総長を務めました。大阪大学にいた湯川
秀樹の業績を高く評価し、ノーベル賞委員会
に推薦をしました。

昭和12年4月、長岡（右端）は第1回文化勲章
を受章。写真は受章後の記念撮影の様子。（写
真は、右から長岡半太郎、本多光太郎、木村栄、
岡田三郎助、幸田露伴、佐々木信綱、竹内栖鳳、
横山大観）。朝日新聞社提供

ラザフォード

アーネスト・ラザフォード（1871−1937年）／イギリス

　当時イギリスの植民地であったニュージーランドに生まれました。キャヴェンディッシュ研究所のJ.J.トムソンのもとでX線の電離作用を研究し、その後、職を得たカナダの大学では放射線の研究に興味を移しました。アルファ線、ベータ線の2種類の放射線があることを見いだし、アルファ線を使い原子の構造の解明を成し遂げました。

放射線の研究を応用、原子の構造を解明

ラザフォード散乱

　ラザフォードは、放射線のアルファ線（p.134）がヘリウムのイオンすなわち粒子であることを突き止めました。そして1911年、そのアルファ線の粒子を金箔に当て、金箔を通り抜けず、大きく進路を曲げられるアルファ線があることを発見しました。この現象をラザフォード散乱といいます。

ラザフォードの実験装置

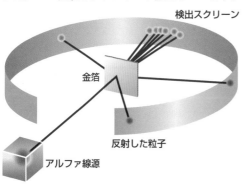

ラザフォードの実験概観

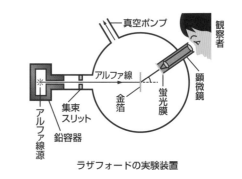

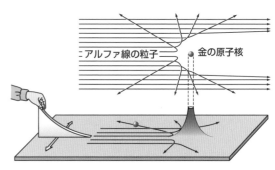

アルファ線の粒子の散乱モデル

原子核は原子の1万分の1

　ラザフォードは、原子の中心にアルファ線の粒子に力を及ぼす核となる部分があり、それは正の電荷を持っていると考えました。さらに、散乱の様子から原子核の大きさを推測し、直径にして原子の1万分の1であることを求めました。こうして原子モデルは、長岡半太郎が提唱した土星型モデルに軍配が上がったのです。

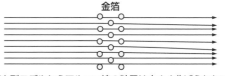

スイカ型モデルならアルファ線の粒子は大きく曲げられない

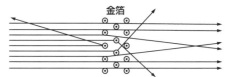

実験は、原子の中心に小さな原子核があることを想像させる結果になった

さらに原子核の構造の解明は続く

アルファ線の粒子を跳ね飛ばした原子の中心部分は**原子核**と呼ばれるようになりました。さらに、水素の原子核は、プラスの電気を持っていることから**陽子**と名付けられました。つまり、水素原子は1個の陽子の周りを1個の電子が回っているという構造になります。原子は本来電気的に中性なので、他の原子は、電子の数と同じだけ原子核として陽子を持っていると考えられました。

けれども、そうすると質量が合いません。例えば、ヘリウム原子は電子を2個持っているので、陽子も2個のはずです。電子はとても軽いので、原子の質量はほぼ陽子の質量となります。ということは、ヘリウム原子の質量は水素原子の質量の2倍のはずです。しかし、現実には4倍なのです。

1932年、ラザフォードの弟子ジェイムズ・チャドウィック（1891-1974年）は、マリー・キュリーの娘夫婦の実験結果から、原子核内に電気的に中性の粒子が存在することを確信し、その質量はほぼ陽子の質量に等しいことも計算したのです。この粒子は**中性子**と名付けられ、チャドウィックは中性子発見により1935年にノーベル物理学賞を受賞しました。

こうして、原子核は、陽子と中性子からできていることがわかったのです。

(((波及効果)))

ラザフォードは、J.J.トムソンの後にキャヴェンディッシュ研究所の所長になりましたが、前所長の流れをくみ、弟子の育成に力を注ぎました。弟子であるウィルソンは、気体のアルコールで飽和状態にした箱を冷却することでその中を飛んだ放射線の軌跡がわかる「霧箱」を開発しました。また、中性子を発見したチャドウィックも弟子のひとりです。

こぼれ話

物理学にこだわり続けたラザフォード、ノーベル化学賞を受賞

ラザフォードは、化学者にいじわるをされたことを根に持ち、「化学者は救いがたい馬鹿」「科学といえるのは物理だけで、他はみな切手収集のようなものだ」などと過激な発言を繰り返していました。しかし、1908年、ラザフォードは、放射線を出す物質は、放射線を出すことで他の物質に変わることを発見し、ノーベル化学賞を受賞しました。これは神様のいたずらとしか思えません。本人もこんなふうに受賞スピーチで言っています。

「長い間には、ずいぶんいろいろな種類の変化を手がけてきましたが、物理学者から化学者への私自身のすばやい変化におどろいています」

ラザフォードは、その業績により一代限りではありますが男爵になりました。その紋章には、放射能の変化を表すグラフと、ニュージーランドのマオリの戦士が描かれています。

英マンチェスター大学にある、
ラザフォードの記念板

原子の構造の解明のきっかけは花粉

 11章の扉（p.117）で触れた植物学者のブラウンが、どうして原子の存在を証明するきっかけを作ったのか、ここで少し詳しくお話しします。

花粉の中の微粒子が水の中で動く

1827年、ブラウンは、水に浸した花粉が壊れて出てくる微粒子の形を顕微鏡で調べていた時に、その微粒子があちらこちらに動くことが気になりました。生き物だから、命があるから動くのだと考えましたが、ふと思いついて、100年以上も昔の標本から花粉を取り出し顕微鏡で見てみました。すると、やはり動きます。ブラウンは、生命とは全く関係のない石炭の煤、石やガラスの粉末などかたっぱしから調べてみましたが、どれも水中で動くことが確認されました。ブラウンは、水の流れや蒸発、微粒子間に働く力などいくつかの原因を考え、どれも原因とはならないことを確かめました。

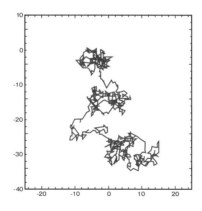

コンピューターによるブラウン運動のシミュレーション

ブラウン運動と命名

その後、ブラウンが発見した微粒子の運動は、**ブラウン運動**と命名されましたが、その原因はしばらくわかりませんでした。

1873年ドイツのウィーナーが、水の分子の運動が原因であるという考えを発表し、さらに1877年フランスのデルゾーは、「顕微鏡で見える微粒子が動くのは、見えない水の分子が微粒子にあちらこちらからぶつかり突き動かしているからだ」と説明しました。

ブラウン運動に対するこの説明によって、水の分子が確かに存在するという考えはp.117にあるように大きく前進することになりました。

ブラウン運動は、身近なもので簡単に確かめることができます。水に、インクや牛乳、床磨き用のワックスなどを垂らしてみましょう。水の分子のブラウン運動によって、それぞれの微粒子が拡散されていくことが観察できます。さらに、1つの水の分子は2つの水素原子と1つの酸素原子からできていることから、原子の構造の解明に進みました。

新しい物理分野の発展に寄与

ブラウンがきっかけを作った原子の構造の解明は、放射線、量子力学、素粒子物理学といった新しい物理学の分野につながっていきます。さら

に、原子の中心にある原子核は、不変ではなく、自然にどんどん崩壊し、崩壊する際に飛び出すかけらが放射線の正体であることがわかりました。

また、**原子核の崩壊**は人工的に起こすことができ、その際に莫大なエネルギー、今日、原子力と呼ばれるエネルギーが得られることも知られるようになりました。

さらに、原子核を構成している陽子、中性子さえも究極の最小の粒ではなく、それぞれ3個ずつのクォークから成っていることも解明されました。

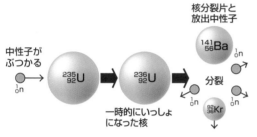

中性子によるウラン235の核分裂

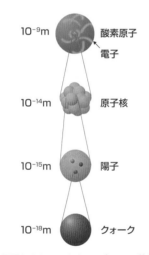

原子からクォークまでの大きさの比較

■ ルクレティウスの詩「物の本質について」より

章の扉（p.117）にあるように、ルクレティウスの詩が原子論の発達に果たした役割はとても大きなものです。ここでは、どんな詩だったのかご紹介します。この詩は、デモクリトスの原子論を受け継いだエピクロスの考えに感動したルクレティウスが詠んだとされます。

¶ T. Lucreti Cari. poetæ philoſophici antiquiſſimi de rerum natura, liber primus incipit fœliciter.

Eneadu genitrix hominu diuuq̃ uoluptas
Alma uenus: cæli ſubter labentia ſigna
Quae mare nauigerum quae
terras frugiferentis
Concelebras: per te quoniam genus omne animantum
Concipitur, uiſitq̃ exortum lumina ſolis.
Te dea te fugiunt uenti: te nubila cæli
Aduentumq̃ tuum: tibi ſuauis dædala tellus
Submittit flores: tibi rident equora ponti.
Placatumq̃ nitet diffuſo numine cælum.
Nam ſimulas ſpeties patefacta eſt uena diei
Et reſerata uiget genitalis aura fauoni.
Aeriæ primum uolucres te diua tuumq̃;
Significant nutum: perculſe corda tua ui
Inde fere pecudes perſultans pabula læta
Et rapidos tranant aranis: ita capta lepore.
Te ſequitur cupide quocunq̃ inducere pergis:
Deniq̃ per maria ac montis flouioſq̃ rapacis
Frondiferaſq̃ domos auium: campoſq̃ uirentis
Omnibus incutiens blandum per pectora amorem
Efficis: ut cupide generatim ſæcla propagent.
Quae quoniam rerum naturam ſola gubernas:
Nec ſine te quicq̃ dias in luminis oras
Exoritur: neq̃ fit lætum: neq̃ amabile quicq̃.
Te ſotiam ſtudio ſcribendis uerſibus eſſe.
Quos ego de rerum natura pangere conor
Meminiadæ noſtro, quem tu dea tempore in omni
Omnibus ornatum noluiſti excellere rebus.
Quo magis æternum da dictis diua leporem
Effice: ut interea fera monera militiai
Per maria ac terras omnis ſopita quieſcant.
Nam tu ſola potes tranquilla pace iuuare
Mortalis, quoniam bellifera munera mauors
Armipotens regit, ingremium qui ſæpe tuum ſe
Reficit, æterno deuictus uulnere amoris.
Atq̃ ira ſuſpiciens cereti ceruice repoſta
Paſcit amore auidos inhians in te dea uiſus.
Atq̃ tuo pendet reſupini ſpiritus ore.

（訳文）人間の生活が、あの空の高みのところどころからおそろしいすがたをして人間の上にせまっていた。

あのきびしい宗教的な恐怖によって、みぐるしくも大地におしひしがれていたときに、はじめてひとりのギリシャ人、エピクロスが不敵にもこれに反抗して目をあげた。

神々のことをものがたる神話も、電光も、威圧するようなかみなりのひびきもかれをおさえることはできなかった。

むしろそれは、かれの精神をはげしく勇気づけ、自然の門のかたくとざしたかんぬきを破りこわす望みを高めた。

それゆえに、かれの活発な精神力はすべて勝利をおさめ、世界のはて、火ともえるかべもはるかに遠くふみこえ、想像と考えをめぐらすことによって、あらゆる無限の世界をふみ歩き、勝利者として帰ってきたかれは、わたしたち人間になにがおこり、なにがおこりえないか、それぞれのものの性質はどんなふうにして定まっており、その性質はどれほど変えられないものであるかを教えた。

これによって、こんどは宗教のほうがおさえつけられ、足の下にふみしかれ、勝利はわたしたち人間を天にまで高めた。

（『物の本質について』樋口勝彦訳、岩波文庫、1961年）

原子力利用への扉が開く

原子核は時に崩壊する

　ラザフォードのその後の研究で原子核も普遍のものではなく、時に崩壊することが確認されました。そこで原子核の崩壊に関する研究が活発に行われ、その過程で、原子核は、陽子と中性子の2種類の粒からできていること（12章「放射線」参照）、陽子と中性子が核力によって固まっている状態の質量と、陽子の質量×数＋中性子の質量×数とでは、値が異なることが確認されました。

　そして、アインシュタインの相対論のあまりに有名な式$E=mc^2$を適用すれば、その質量の変化の分だけエネルギーに変換されることがわかりました。従ってウランのような大きな原子核が分裂すると、多大なエネルギーが得られます。例えばウラン1kgがすべて核分裂したとすると、石油200万kg（2000t）燃焼させた場合に相当するエネルギーになります。

質量欠損の例

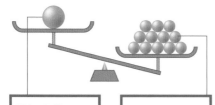

炭素原子核
6個の陽子と6個の
中性子がくっついて
できている

バラバラな状態の
6個の陽子と
6個の中性子

炭素原子の質量
12.00000amu ①

炭素原子を構成している
電子、陽子、中性子
合計の質量
12.09894amu ②

①と②の差が質量欠損です
0.09894amuに対応する
エネルギーは92.1MeVとなります

$$1amu = 1.66×10^{-27}kg$$
$$1MeV = 1.60×10^{-13}J$$

マンハッタン計画とアインシュタインの手紙

　マンハッタン計画と呼ばれる第二次世界大戦中のアメリカの原子爆弾製造プロジェクトは、ドイツに先を越されることを憂慮したアインシュタインが、時の大統領ルーズベルトに手紙を書いたことに始まるといわれています。しかし事態は、そのような単純なものではなく、政治家、軍部、科学者の思惑が入り乱れ、混沌としたものでした。手紙そのものもアインシュタインは署名をしただけで、書いたのはシラードら他の科学者でした。当のアインシュタイン自身はマンハッタン計画にはまったく関わりませんでした。

　マンハッタン計画に参加した科学者のリーダーはオッペンハイマーで、メンバーは、この本に登場する人物では、コンプトン、フェルミ、ボーア、イギリスから中性子の発見で有名なチャドウィックも呼ばれました。当時まだ博士論文を書いていたファインマンも若手科学者のリーダーとして参加しました。

　マンハッタン計画は、そのあまりに大きな結果とともに、科学者に対して、自身の研究の社会的な責任も考えなければいけないという課題を突き付けることとなりました。

マンハッタン計画の軍側司令官からマーシャル参謀総長に宛てた文書。日付は、長崎原爆を投下直後の1945年8月10日。米国立ワシントン公文書館から広島市に届いた極秘文書の写し。朝日新聞社提供

12 放射線

レントゲン
（1845-1923年）

X線の発見で人類に大きく貢献

ベクレル
（1852-1908年）

偶然が味方して初めて自然放射線を観測

マリー・キュリー
（1867-1934年）

「放射能」という言葉の生みの親

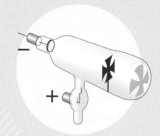

クルックス管

ガラス管に夢中になった科学者たち

18世紀にニュートンをはじめとする科学者が
まいた科学の種は、19世紀に入って、春先の花々
のように、一気に芽吹き花開きました。そしてこ
の時代、いい大人が、しかも科学者と呼ばれる
人々の尊敬の念を集める人たちが夢中になったの
は、単なる空気を抜いたガラス管でした。すでに
1709年、ホークスビーは、その時代の性能の高く
ないポンプで空気を抜いたガラス管の中や近くで
静電気を起こすと、ガラス管の中に不思議な光が
観察されると書いています。1855年、ドイツの
ガイスラーは、ガラス管の中の気圧を1万分の1
まで下げる強力な真空ポンプを発明し、管の中に
いろいろな気体を入れて、高電圧をかけると、気
体の種類や圧力によって異なる鮮やかな光を出す
ことを見つけました。これは、今日のネオン管や
蛍光灯のもとになる発見でした。その後、ガイス
ラーの真空管（ガイスラー管）では様々な発見が

なされました。

1875年、クルックスは、ガイスラー管を曲げた
管（クルックス管）を考案しました。クルックス
管ではマイナスの電極の向かい側が発光すること
がわかり、彼は電気の流れはマイナスからプラス
であると考えたのです。ゴルトシュタインは、こ
の電気の流れを陰極線と名付けました。また、ク
ルックスは、電気の流れの途中に十字架の金属板
を置くと流れがさえぎられることから、陰極線が
直進するものであることを知りました。また磁石
によって曲げられることも発見しました。

そんな放電管の開発や研究の中で、**レントゲン**
によって人類は初めてX線という放射線に遭遇
することになるのです。レントゲンの発見に触発
されて、**ベクレル**は人類初の自然放射線の観測に
成功し、**マリー・キュリー**は新たな放射性物質を
発見しました。ここでは、この3人の業績ととも
に、なんとなく「怖い」と思われている放射線に
ついての正しい知識もお伝えしていきます。

レントゲン

ヴィルヘルム・コンラート・レントゲン(1845−1923年)／ドイツ

プロイセン王国（現ドイツ）で生まれ、父親は織物工場の経営者で家庭は裕福でした。チューリヒ工科大学に進学し、クラウジウスの講義を聞いて物理への関心が高まりました。ギーセン大学、ヴュルツブルク大学の教授を歴任し、1894年には同大学の学長に選ばれました。ヴュルツブルク大学着任中にX線という歴史的な発見をします。

X線の発見で人類に大きく貢献

X線発見で放射線研究が始まる

今日、ケガの具合の確認や、病気の診断や予防のために、レントゲン撮影のお世話にならない人はいません。実は、レントゲンが人の名前であることを知る人は少ないかもしれません。

1895年11月8日、レントゲンは、クルックス管を黒い厚紙でおおい部屋を暗くした時、1mあまり離れた机の上にかすかに光るものを見つけました。この光の源は「テトラシアノ白金酸（Ⅱ）バリウム」でした。レントゲンは、クルックス管から出ているはずで「テトラシアノ白金酸（Ⅱ）バリウム」を光らせる働きをする未知なるものに、X線という名前を与えました。後にX線は放射線であることがわかりました。X線の発見が、放射線研究の始まりでした。いちばん初めに、未知のものをアルファベットのXで表したのは、デカルトといわれています。

X線の性質のほとんどを見いだす

レントゲンは、この日から7週間様々な実験を行い、今日知られているX線の性質のほとんどを見いだしました。そして1895年12月28日、実験の結果を『新しい種類の光線について』という題の論文にまとめ、物理医学協会に報告しました。その中で、X線の発生方法、直進性、磁石によって曲げられないこと、写真乾板を感光させること

などに加え、様々な物質を透過する能力があることを詳しく報告しています。

(((波及効果)))

1896年の新年、X線発見の情報は世界をかけめぐりました。当時の通俗雑誌の話題にもなったほどです。物理学会ではなく医学協会に報告されたことが、あれよあれよという間に医学に応用されることにつながったと思われます。実際に、発見から2カ月後には、X線はウィーンで外科手術に使われました。

レントゲンは、物理学だけでなく医学においても大きく貢献したにもかかわらず、X線に関するどんな特許も取りませんでした。また、貴族の称号が与えられるという申し出も断りました。アメリカの発明王トーマス・エジソン（1847-1931年）は、そんなレントゲンのことを「科学にとっても、医学にとっても、また産業界にとっても全く貴重だったこの発見から、彼は何らの金銭的な利益を得ていない」と感心しています。

レントゲンは、ドイツが第一次世界大戦に敗れた後のインフレのために、生活に困窮した状態でこの世を去りました。エジソンが感心した人柄そのままの最後だったといえます。

X線発見の功績により、レントゲンは栄えある第1回のノーベル物理学賞の受賞者となりました。

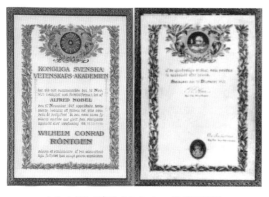

レントゲンに与えられたノーベル賞の賞状

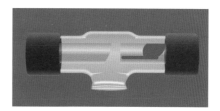

X線の発生装置、クーリッジ管

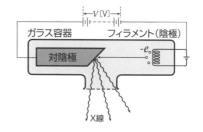

フィラメントから出た電子（熱電子）が高電圧で加速され、対陰極に衝突する時に失う運動エネルギーが連続X線のエネルギーになる

こぼれ話

妻をおびえさせたレントゲン写真

　1895年12月22日、レントゲンは、夫人のベルタを実験室に誘い、あのあまりにも有名な写真を撮影しました。X線の実験に夢中になり、食事も上の空で、ベルタをひどく心配させた罪滅ぼしのつもりだったようです。しかし、その意に反して、ベルタは骨の写った自分の手の写真を見て、早死にするのではとひどくおびえてしまいました。

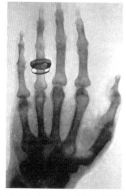

レントゲンが撮った妻のX線写真の再現イラスト

発見後3カ月、日本でもX線の追実験を実施

　X線の発見は、遠く離れた日本にも、当時留学していた長岡半太郎の手紙によって知らされ、3月には追実験が行われました。

　1896年10月10日には、二代目島津源蔵がX線写真の撮影に成功しています。翌年、教育用X線装置の製造販売を始め、1909年には国産初の医療用X線装置を千葉県の病院に納入しました。

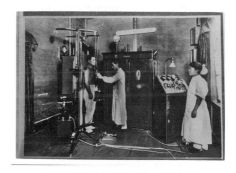

1920年頃のX線装置による診察風景。島津製作所　創業記念資料館提供

ベクレル

アントワーヌ・アンリ・ベクレル（1852-1908年）／フランス

フランスに生まれ、エコールポリテクニークで自然科学、国立土木校で工学を学びました。X線発見後の相次ぐ怪しげな「大発見」にレントゲンはじめ皆がうんざりしましたが、ベクレルの放射線に関する報告は信用されました。彼の家系は3代続く有名な科学者だったからです。ベクレルはキュリー夫妻とともにノーベル賞を受賞しています。

偶然が味方して初めて自然放射線を観測

引き出しに入れてもX線は出る

ベクレルは、レントゲンがX線を発見したことを知り、X線と、蛍光や燐光との間に関係があるのではないかと考え、いろいろな蛍光や燐光を出す物質に日光をあて、その物質がX線を出すかどうかを調べました。X線を出しているかどうかの判断はレントゲンと同じ方法、すなわち写真乾板が感光するかどうかとしました。

X線の測定には日光が必要であるという当初のベクレルの仮説は間違っていました。次の実験の予定日がたまたま曇っていたことが、彼にその間違いを気付かせてくれました。彼は、曇って実験ができないので、準備した燐光物質のウラン化合物と写真乾板を、引き出しの中に入れてしまっておいたのです。数日間太陽がほとんど出なかったのですが、そのままにして、引き出しの中の薄明かりでも少しは何か写っているのではないかと写真乾板を現像したところ、非常にはっきりとした像が写っていました。ベクレルは、この作用は暗いところでも起こりうると確信しました。1896年3月1日のことです。

自然放射線を発見

そして、ベクレルは、すべてのウラン化合物と金属ウラン自身が、日光を必要とせず写真乾板を感光させる謎の光線を出すことを見いだしました。燐光物質であるかどうかは関係ありませんでした。そのX線に続く第2の謎の光線は、発見者にちなんでベクレル線と呼ばれました。ベクレル線の強さは、－190℃から200℃まで温度によらないこと、X線と同じように電離作用を持つことも確認されました。

しかし、ベクレル線とX線は重要な違いがあったのです。ベクレル線はX線と違い、陰極線管を必要としなかったのです。また、ベクレル線の放出を止めることもできませんでした。ベクレルは、ウランやその化合物が3年たっても自然にベクレル線を出し続けることも発見しました。こうして、初めて自然放射線が確認されたのです。

ベクレルは、55歳で急死しています。マリー・キュリー同様、放射線障害が原因だったといわれています。

ベクレルの放射能についての研究成果が記された『物質の新しい資質の研究』。金沢工業大学ライブラリーセンター所蔵

ウランを含む岩石の（研磨した）表面で、反射光により写した写真を再現したもの

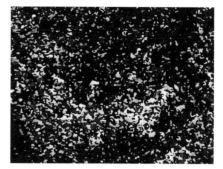

この岩石を直接フィルムの上に置いて、全体を光を通さない容器に入れて約50時間放置した時の様子を再現した。上の図の白い部分が、左の図の岩石表面にある放射性物質の部分に対応している

(((波及効果)))

　X線は、医学に用いることができるため関心は高かったのですが、ベクレル線に注意を向ける研究者は、論文発表後ベクレル自身を含めてあまりいませんでした。ベクレルのパリにおける同僚のひとりが、マリー・キュリーの夫ピエール・キュリー（1859-1906年）でした。マリーは、博士論文のテーマを探してベクレルの研究報告に興味を持ち、ベクレル線の研究に取り組むことにしました。その成果はp.132にあるとおりです。キュリー夫妻や彼らに続く研究者に影響を与えた功績から、ベクレルの名は放射能の単位となっています。

●放射能・放射線の単位

放射能の強さはベクレル	（1秒間に崩壊する原子数。毎秒1個の崩壊数を1ベクレルといいます）
放射線の量は	①どれだけ放射線が吸収されたか（吸収線量）はグレイ。 　（物質がどれだけ放射線のエネルギーを吸収したかを表す量。 　物質1kgあたり1Jのエネルギー吸収があるとき1グレイといいます） ②「人体への影響」はどの程度か（線量）はシーベルトが使われます。 　（放射線が生物に及ぼす効果は、放射線の種類や性質によって異なります） 　X線・ベータ線・ガンマ線は1グレイ＝1シーベルト、 　アルファ線・中性子線は1グレイ＝5～10シーベルトです。

放射性物質

シーベルト*（人体への影響）　　ベクレル（放射能の強さ）　　グレイ**（物質の吸収量）

*ロルフ・マキシミリアン・シーベルト（1896-1966年／スウェーデン）の放射線防護の分野での功績にちなんでつけられた単位
**ルイス・ハロルド・グレイ（1905-1965年／イギリス）の放射線生物学分野での功績にちなんでつけられた単位

マリー・キュリー

マリー・スクロドフスカ・キュリー（1867−1934年）／ポーランド

ロシア占領下のポーランド、ワルシャワで6人兄弟の末っ子として生まれ、苦労の末パリに留学し、ピエール・キュリーと出会って結婚しました。ピエールとともにラジウム、ポロニウムという放射性物質を発見し、彼の死後も研究を続け、2度のノーベル賞受賞に輝きました。また、女性として初めてパリ大学の教授になりました。

「放射能」という言葉の生みの親

夫ピエールの電位計を使い大発見

　マリーがあげた最初の成果は、トリウムとその化合物が、ベクレル線と似た放射線を出すことを突き止めたことです。マリーは、夫ピエールの作った計器で、ベクレル線が空気を電離する時に生じるわずかな電流を測定してこの大発見に至りました。

　放射線を出すことが、ウラン固有の性質ではないとわかったのは非常に重要でした。ウランとトリウムは当時いちばん重い元素だったので、重い元素は軽い元素とは違う性質を持つと推測されました。今日では、鉛より重い原子の原子核は自然に崩壊し、放射線を出すことが知られています。

　放射線を出す能力を放射能といいますが、この言葉はマリーが作ったものです。

　さらに、マリーとピエールは、トリウムの化合物の放射線量は、化合物中のトリウムの量に比例して物理条件や化合状態には関係しないことを突き止めました。ふたりは、ウランやトリウムの放射線量は、これらの原子そのものに由来すると考えました。

ポロニウムとラジウムを発見

　次に、ピエールの学校にある鉱物見本を片っ端から調べ、れきせいウラン鉱（ピッチブレンド）が、鉱物そのものに含まれるはずの量のウラン

こぼれ話

　研究室にこもらず、多くの命を救ったマリー

　第一次世界大戦では、X線撮影装置を車に積んで、自ら運転して戦場を走り回り、多くの負傷者を救ったことは有名な話です。1903年にノーベル物理学賞を、1911年にノーベル化学賞を受賞しています。女性初のノーベル賞受賞者であり、2度にわたる受賞を成し遂げた最初の人物として知られます。

X線撮影装置を積んだ車に乗るマリー

の4～5倍も強い放射能を持つことを見つけました。ふたりは、その中にウランよりももっと放射能の強い未知の物質があるのではないかと考えました。このことを確かめるために、ふたりが行った作業は次のようなものです。

ピッチブレンドを化学的に分離し、放射能を持っていない方は捨て、放射能を持っている方はさらに分離します。これをひたすら繰り返していったのです。そして、ついに、1898年に2つの物質を発見しました。

最初に発見した物質は、マリーの祖国にちなんでポロニウムと名付けられました。ポロニウムはウランの400倍の放射能を持っていました。

ポロニウム発見から6カ月後に発見された物質はラジウムと名付けられました。これは、ウランの900倍もの強い放射能を持っていたために「放射するもの」というフランス語が語源になったのです。さらに4年の歳月を費やし、8トンのピッチブレンドから、10分の1gの塩化ラジウムが得られました。最終的にラジウムの放射能はウランの100万倍になることもわかったのです。

ここでは、キュリー以後に解明された原子核と放射線についてお話しします。

原子核は陽子と中性子でできている

「原子の構造」でお話ししたように、原子は原子核の周りを電子が回っているという構造であることが解明されました。さらに、チャドウィックの中性子の発見により、原子核は陽子と中性子の2種類の粒でできていることがわかりました。

水素の原子核はふつう陽子1個です。ヘリウムは陽子2個と中性子2個、炭素は陽子6個と中性子6個でできています。陽子の数がその原子の化学的な性質を決めます。陽子の数が同じでも中性子の数が違う原子もあります。それを同位体といいます。同位体を区別するため原子名の後に、ウラン235、ウラン238というように、陽子と中性子を合わせた数を書くことがあります。

	ウラン234	ウラン235	ウラン238
モデル図			
陽子の数	92	92	92
中性子の数	142	143	146
存在比	0.0057%	約0.72%	約99.28%

放射線の正体は原子核のかけら

原子核は、プラスの電気を持った陽子同士、また電気的に中性である中性子が加わってできているので、それらを結び付ける力は電気力よりも大きくなければなりません。この力を核力といいます。そういうわけで核力はとても強いのですが、原子核が大きくなると、つまり陽子や中性子の数が多くなると端の方まで核力が行き届かず、自然にポロッと欠けてしまうことがあります。この欠片が放射線の正体なのです。

欠けやすいか欠けにくいかははっきりわかっていて、境目は陽子の数が82です。陽子の数が82ある鉛までは安定した原子核ですが、83以上の陽子を持つ原子核は不安定になります。

放射線を出す能力を放射能、放射能を持った物質を放射性物質といいます。また同位体の原子核も不安定なものが多いです。例えば、陽子も中性子も6個ずつの炭素の原子核は安定していますが、中性子が8個の炭素の原子核は不安定で放射線を出すので、年代測定に利用されます。

原子核が1秒間に1個壊れる物質は1ベクレル〔Bq〕の放射能があるといいます。ラジウム1gは1秒間に370億個の原子核が壊れるので370億Bqです。

(((波及効果)))

マリー・キュリーによって、放射線と、その主な原因である原子核の崩壊の探究が始まったのです。また、女性科学者の先駆者としてあまりに有名であり、後に続く者の目標となりました。

放射線は怖いもの？
一からわかる放射線の話

「放射線」と聞くと、ほとんどの人が得体の知れないもの、怖いものといった良くないイメージを抱くことでしょう。明治の物理学者、寺田寅彦は「正当に怖がることはなかなか難しいことだ」と言っています。ここでは、具体的な放射線のお話をします。

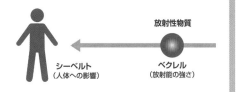

アルファ崩壊

　原子核が崩壊するといってもでたらめに崩壊するわけではなく、2通りの崩壊があります。アルファ線という放射線が出てくる崩壊を**アルファ崩壊**といいます。アルファ線の正体は陽子2個、中性子2個のヘリウムの原子核です。放射線の共通した性質に電離作用というものがあります。**電離作用**とは、放射線が、飛んでいく途中で出会った原子の周りにある電子を跳ね飛ばしてしまうことです。

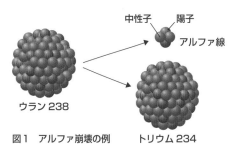

図1　アルファ崩壊の例

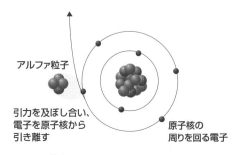

図2　電離作用

　この電離作用こそが、放射線を決定付ける性質であり、後でお話しするX線は原子核の欠片ではありませんが、電離作用があるので放射線の仲間になります。アルファ線がいつ出てくるか、つまり原子核がいつ崩壊するかはわかりません。今かも、明日かも、1週間、1年、何百年、何千年後かもわかりません。ただ、原子核ごとに半分が崩壊する時間は決まっています。その時間を**半減期**といいます。

　ウラン238の半減期は地球ができてからの年月45億年なので、地球ができた時には現在の2倍のウラン238が存在していたことがわかります。

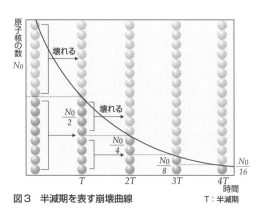

図3　半減期を表す崩壊曲線　　T：半減期

ベータ崩壊

　原子核の中の中性子が陽子に変わる変化をベータ崩壊といいます。**ベータ崩壊**で出てくる放射線

の正体は電子です。電子といっても原子核の周りを回っている電子ではなくて、中性子が陽子に変わる時に放出されるものです。

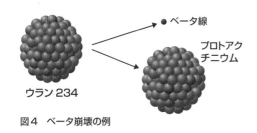

図4　ベータ崩壊の例

アルファ線は陽子2個を持っているので引力を働かせ電離作用が強いのですが、ベータ線は電子ですから高速で蹴散らかしていくという感じで電離作用は弱くなります。

そして、アルファ崩壊やベータ崩壊の際にガンマ線という電磁波も放出されます。ガンマ線も電離作用があります。放射線には透過作用という物質を通り抜ける性質もあります。アルファ線は電離作用が強いのでその分エネルギーを失いやすく、透過作用は強くありません。紙1枚で止めることができます。

ガンマ線やX線は粒子ではないので電離作用が弱いのですが、透過作用は強いので、がんの治療やレントゲン写真に使われます。

原子核を壊して作る原子力

放射線については、2つの疑問があることでしょう。まず、1つは原子爆弾や原子力発電所など、いわゆる原子力の利用と放射線がどのように関わっているかです。これまでのお話は、自然界に存在する**自然放射線**、自然に壊れてしまう原子核から出る放射線についてでした。

原子力は、11章「原子の構造」でもお話ししたように、原子核をわざと壊して得られる莫大なエネルギーのことです。そして、原子核を壊すと当然その欠片が飛び散ります。それで、原子力を利用する時には放射線が出てくるのです。

放射線が生物に与える影響

2つめの疑問は、これが最大の疑問でしょうが、放射線はなぜ「怖い」ものだと思われるのかということです。そして、専門家と呼ばれる人たちの話も、このくらいの放射線でこのくらい危険だと明言せず、どこか釈然としない説明になっているのはなぜなのでしょうか。すでにお話ししたように放射線には電離作用があります。

体内の細胞内のDNAを構成している原子に放射線があたると、電離作用によって原子が変化しDNAのらせん構造の鎖が切れてしまいます。その後の細胞の運命は白血病を例にした次の図のように4通りあります。どの運命をたどるかは確率です。ですから、同じ量の放射線を浴びても平気な人もいれば、がんなどになる人もいて、運を天にまかせるしかないのです。

しかし、放射線の細胞に与える影響を逆手にとって、がん細胞をやっつけることもできるわけです。

現在では、特に外科手術が難しいがんにおいて、また、再発防止においても放射線治療は有効な手段となっています。

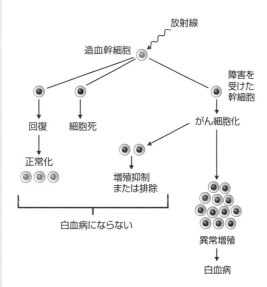

図5　DNAの損傷と白血病の発症、治癒の可能性

様々な分野で利用される放射線

自然界にも存在する放射線、許容量は？

図のように、私たちは生まれた時から自然放射線を受けて生きています。ですから、自然放射線については日常では問題がないといえます。それでも、飛行機に乗ると宇宙線を多く浴びるので、乗務員の健康管理は義務付けられています。宇宙飛行士についてはさらに厳しく検査されます。

人工放射線は話が違います。すでにお話ししたように、放射線の許容量、つまり放射線の影響はここまでなら絶対大丈夫という明確な基準はありません。人工放射線の場合、影響はあるが病気が発見されるといった利益があれば、納得した上で放射線を受けるかどうか当事者が判断すればいいことです。しかし、事故など、一方的で利益がない場合の放射線の許容量はあくまでもゼロでなくてはなりません。

とはいえ、人工放射線は、様々な分野で利用されています。

1. 医療では、放射線の透過作用を利用した病気の診断だけでなく、放射性物質を体内に取り入れ、それを追跡することで病気を見つけることも行います。また、先にお話ししたようにがん治療に使われ、放射線照射は特に手術が困難な高齢者にはたいへん有効です。器具の殺菌にも用いられます。
2. 透過作用により機械などを壊すことなく、内部の様子を見ることに使われます。
3. 農作物や植物の品種改良、害虫の駆除に効果があります。

●日常生活と放射線

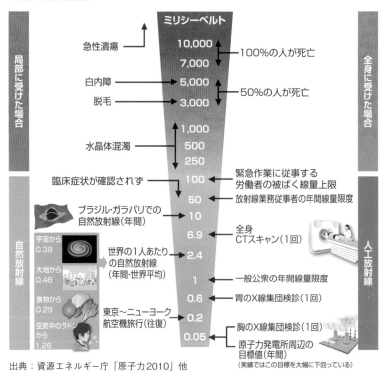

ガンマカメラ

レントゲン検査

手荷物検査

出典：資源エネルギー庁「原子力2010」他

13 光その2（波と粒子の二重性）

アインシュタイン
（1879–1955年）

光の正体も解明した天才物理学者

コンプトン
（1892–1962年）

光が粒子であることを検証した

ド・ブロイ
（1892–1987年）

電子が波のように振る舞うことを提唱

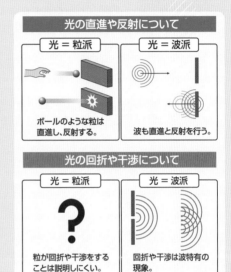

光の直進や反射について

光＝粒派	光＝波派
ボールのような粒は直進し、反射する。	波も直進と反射を行う。

光の回折や干渉について

光＝粒派	光＝波派
？ 粒が回折や干渉をすることは説明しにくい。	回折や干渉は波特有の現象。

光が導いた新しい物理学への道

　光が粒子か波動かの長きにわたる論争は、マクスウェルによって光が電磁波であることが明らかにされると、波動に軍配が上がったかのように思われました。マクスウェルの電磁波の理論をもとに、火花放電によって実際に電磁波を発生させたのはヘルツです。ヘルツはその実験中、発信器をおおうと受信器の放電が弱くなること、その原因は紫外線であることに気付きました。これが「光電効果」（p.138）の発見の発端となりました。

　アインシュタインは、光が粒子であると考え、光電効果を解明しました。さらに光の粒子性を裏付ける実験や理論が次々と見いだされました。**コンプトン**によるコンプトン効果もそのひとつです。光の粒子は光子と名付けられました。

　それでも、光についての新たな回折干渉などの波動現象も認められていました。その代表的なものが、ラウエ斑点です。フォン・ラウエは、発見後やはり粒子か波か論争が続いていたX線について、回折現象を示す斑点（ラウエ斑点）を写真乾板に記録することに成功しました。X線は極めて波長の短い電磁波であることが認められたのです。その後、ブラッグ父子は、X線が結晶内で回折し干渉する条件を求めました。その功績は物理学だけにとどまらず、X線による電波天文学、DNAの二重らせん構造の発見にも及びました。

　しかしながら、疑う余地なく粒子として存在すると考えられていた電子が波動のような振る舞いをする現象が、**ド・ブロイ**によって発見されるに至って、物理学は大きな転機を迎えました。すなわち光子や電子のような微小な粒子は、波動性と粒子性の二面性を持つと結論付けられたのです。

　ここで、なあんだ、結局、光は粒か波かどっちかわからないのか、そのうちもっと物理が発展したらわかるのかと誤解しないでください。粒子性と波動性の二面性を持つことが光の本質であると、物理学的に明らかにされたのです。

アインシュタイン

アルベルト・アインシュタイン（1879−1955年）／ドイツ

ドイツ南部のウルムで生まれ、1900年大学卒業後、スイス特許庁に職を得たことは人類にとって大きな幸運でした。閑職であったため研究に費やす時間が確保できたからです。1905年26歳にして「特殊相対性理論」「ブラウン運動の理論」「光電効果の理論」3つの論文を発表し世界を驚かせ、その後も天才の名をほしいままにしました。

光の正体も解明した天才物理学者

始まりはレーナルトの光電効果

レーナルトは、ヘルツの研究を引き継いで、光電効果の実験を行いました。その結果、次のことがわかりました。レーナルトの光電効果の実験結果は当時の研究者を大いに悩ませました。

> 1. 密閉したガラス管の両端に金属板の電極を取り付け、陰極に紫外線をあてると電子が飛び出すが、可視光をあてても飛び出さない。
> 2. あてる光の波長を短くすると、明るさは同じでも、放出される電子の各々のエネルギーは大きくなるが、電子の数は変わらない。
> 3. あてる光を明るくすると、波長は同じでも、放出される電子の数は増えるが、電子の各々の運動エネルギーの大きさは変わらない。

アインシュタインは、プランク（p.148）の着想をもとに「光の量子化」を考え、光電効果を明快に説明しました。その功績により1921年ノーベル物理学賞を受賞しました。光電効果は、図1のような実験で確認できます。

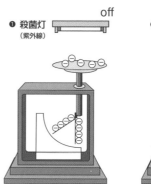

図1　光電効果の確認実験
箔検電器の箔を負に帯電させ開いた状態にする。亜鉛板に紫外線をあてると、箔が閉じることで電子が飛び出すことがわかる

光の量子化

レーナルトの光電効果の実験結果を「光の量子化」で考えてみましょう。

図2の実験装置では、金属Kを電源の陰極に、Pを陽極につなぐと、光電効果でKから飛び出した電子（光電子といいます）がPに集まり、回路に電流I（光電流といいます）が流れます。

> 1. 金属から電子を飛び出させるためには、ある一定以上のエネルギーを電子に与える必要があります。小さなエネルギーをずっと与え続けたらそのうち飛び出すというわけではありません。アインシュタインは、光を粒子と考え（光子といいます）、光子が電子にぶつかってエネル

ギーを与え、金属から飛び出させると考えたのです。振動数の大きい紫外線は、光子1個が持つエネルギーも大きいので、ぶつかった電子に金属から飛び出せるだけの大きなエネルギーを与えられます。

2. あてる光の波長を短くする、すなわち振動数を大きくしても光子の数は変わらないので、飛び出す電子1個1個のエネルギーが増すだけで飛び出す数、すなわち電流Iの大きさは変わりません。

3. あてる光を明るくする、すなわち光子の数を多くすると、飛び出す電子の数も多くなるので、グラフにあるように、流れる電流も多くなります。

さらに、同じグラフから、Kに対するPの電位、すなわち電圧Vを大きくしていくにしたがい光電流Iも大きくなりますが、ある程度以上は大きくならないことがわかります。これは、電圧を高くすればPに集まる電子の数は増え、電流も増しますが、飛び出す電子がすべてPに集まれば、それ以上いくら電圧を増しても電流の大きさは変わらないことになるからです。

このようにレーナルトが発見したことは、「光の量子化」ですべて説明ができるのです。アインシュタインの考えた「光の量子化」を**光量子仮説**といいます。

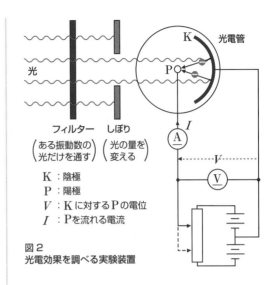

図2
光電効果を調べる実験装置

K：陰極
P：陽極
V：Kに対するPの電位
I：Pを流れる電流

フィルター（ある振動数の光だけを通す） しぼり（光の量を変える）

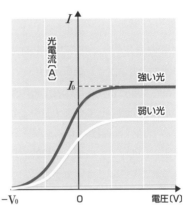

図3
光電管にかける電圧と光電流の関係

（（（ 波及効果 ）））

「光の量子化」によって、物理学は新たな局面を迎えます。粒子か波かという二面性は、光だけではなく電子が存在するような小さな小さな世界にまで及び、量子力学、素粒子論が華々しく幕を開けるのです。

光電効果は、日本人のノーベル賞受賞にも一役買っています。光を金属にあてると電子が飛び出すということは、逆に電子が飛び出した時に光があたったと考えられます。これがカミオカンデ（p.165）で使われている光電子増倍管の原理です。

コンプトン

アーサー・ホリー・コンプトン（1892−1962年）／アメリカ

　アメリカのオハイオ州に生まれ、1919年イギリスに留学し、ケンブリッジ大学のラザフォードのもとで研究しました。1920年からアメリカ・セントルイスのワシントン大学、1923年からはシカゴ大学で教職に就きました。1945年ワシントン大学総長となります。コンプトンはX線の研究を続けましたが、後に宇宙線の研究に転じました。

光が粒子であることを検証した

X線は粒子なのか？

　1923年、コンプトンは、自由電子によって散乱されたX線の波長が長くなることを発見しました。この現象を**コンプトン効果**といいます。X線の波長が長くなるということは、そのエネルギーが減少したことを意味しています。つまり、自由電子にX線という電磁波のエネルギーが与えられたと考えられます。これは、電磁波が粒子の振る舞いをしたことを示しています。コンプトン効果は「光の粒子性」によって説明が可能な現象なのです。

コンプトンの研究

　ここで、コンプトンの研究を詳しく見ていきましょう。まず、金属箔のような標的中の原子にあたる光を考えてみます。それまでの理論によれば、光は様々な方向に散乱されますが（p.71）、振動数は変化しません。

　しかし「光の量子化」を考えれば、光は光子と呼ばれる運動量を持つ粒子になります。すると、光子と原子の衝突の際には**運動量保存の法則**が成り立つとコンプトンは考えました。

　この法則によれば、質量の小さい物体が静止し

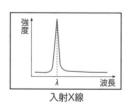

入射X線

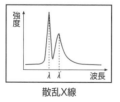

散乱X線

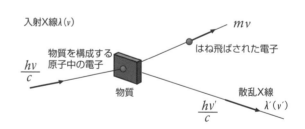

λ：波長、ν：振動数、m：電子の質量、v：電子の速度、h：プランク定数、c：光速
X線を物質にあてると、電子が飛び出す。
X線を運動量 $\dfrac{h\nu}{c}$ の粒子と考えると、運動量保存の法則が成り立つ。

コンプトン効果の概念図

ている重い物体に衝突する時には、見事に跳ね返されるか、わきにそれます。衝突した物体の速度はほとんど変わらず、したがってエネルギーも変化しません。けれども、衝突する2つの物体の質量の差が小さい時には、衝突でかなりの量のエネルギーのやりとりがあるはずです。

試算からは、光子が原子全体と衝突する場合に光子が失うエネルギーは小さすぎてとても観測できないことがわかりました。しかし、光子が電子と衝突するならば、電子の質量はとても小さいので、飛んできた光子はかなりの量のエネルギーを電子に渡すことになります。

そこで、コンプトンは、グラファイトにX線をあて、散乱されたX線が2種類あることを確認しました。1つは、あてたX線と同じ振動数νでしたが、もう1つは、それよりも小さい振動数ν'を持っていました。

振動数が変化したX線があるということは、光子から電子にエネルギーが渡されたことを示しています。さらに、測定された運動量、エネルギーの変化は、アインシュタインが考えた光子の持つエネルギー量「プランク定数h×振動数」、さらにそれから導かれる光子の運動量「光子のエネルギー／光速」で計算した値と見事に一致したのです。

この実験結果から、光子は一定のエネルギーと運動量を持つ粒子とみなすことができ、さらに、光子と電子の衝突において運動量もエネルギーも保存則が成り立つことがわかったわけです。

こうして、光電効果に続いて、光の粒子性の確たる証拠が与えられました。しかしながら、光の波動性もゆるぎないものです。ですから、光は粒子なのか波なのかという問いに対しては、「光は、私たちが粒子として扱えば粒子の振る舞いをして、波として扱えば波の振る舞いをする」としか答えられないのです。

さらに、この二面性を持つのは光だけではないことが、明らかになっていきます。

(((波及効果)))

当時、アインシュタインによる光量子仮説によって、ある振動数の光は、[プランク定数×振動数]のエネルギーを持つ粒子としての性質を示すことが理論付けられました。アインシュタインはさらに光子は[プランク定数×振動数／光速]の運動量を持つと予想していましたが、コンプトン効果の実験によりこの予想が正しいことが証明されました。アインシュタインによる光量子仮説は、コンプトン効果によって広く認められることになったのです。

また、静止した粒子と光子が衝突した時の光子の波長の変化を表す数値をコンプトン波長といい、量子力学で力を粒子の交換によって説明する時に、力の到達距離の目安になります。湯川秀樹は、電子のコンプトン波長から中間子論を着想しました。

こぼれ話

マンハッタン計画に深く関わったコンプトン

p.126にもあるように、コンプトンはマンハッタン計画の主要メンバーでした。1941年から原子爆弾に必要なウラニウムの量と製造方法に関する委員会の委員長を務め、ウラニウム235を用いた原子爆弾とプルトニウムを用いた原子爆弾を検討しました。それぞれ実際に製造され、前者は広島に、後者は長崎に投下されました。

1945年頃の広島市の爆心地一帯。朝日新聞社提供

ド・ブロイ

ルイ・ヴィクトル・ピエール・レイモンド・ブロイ（1892-1987年）／フランス

ド・ブロイはフランスのディエップの貴族の家に生まれました。パリ大学のソルボンヌで学んだ後、兵役に就きました。第一次世界大戦後は、量子に関する数理物理学の研究をして、電子の波動性を理論的に導き出しました。

電子が波のように振る舞うことを提唱

兄の依頼でX線の二面性を解明

ルイ・ド・ブロイの兄モリス・ド・ブロイは、1913年からX線の実験を始め、粒子性と波動性の二面性の問題に関わっていました。イギリスのウィリアム・ヘンリー、ウィリアム・ローレンスのブラッグ親子による実験からX線の回折現象とともに粒子性も確認され、父ウィリアムは両方の性質を満たす理論を見いだす必要性を主張しました。実験家であるモリスは、ブラッグ親子の考えに賛同し、理論家であるルイにX線の二面性の解明を求めました。

逆もまた真なり

ルイは、光やX線のような電磁波が粒子性を持つなら、逆に電子のような微小な粒子が波動性を持つのではないかと考えました。彼は、アインシュタインの光量子化と特殊相対論の式をもとに、1923年、粒子的性質（運動量）と波動的性質（波長）を結び付ける式を導き出しました。初め、ルイの考えに賛同したのはアインシュタインだけで、ボーアをはじめとするコペンハーゲン派の物理学者はことごとく反発しました。

物質波の確認

4年後、アメリカのクリントン・ジョセフ・ダヴィソン、イギリスのJ.P.トムソン（J.J.トムソンの息子）によって、それぞれ、電子が波動のように振る舞う現象が確認され、その波は物質波と呼ばれるようになりました。

電子線による回折像

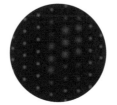 

ゲルマニウムの単結晶薄膜による回折像。結晶の対称性にしたがったスポットのパターンが得られる

鉄の多結晶薄膜による回折像。あらゆる角度の結晶が存在するため、スポットではなく同心円状のパターンを形成する

高エネルギー物理学の研究所、CERN（セルン）の発案者

ド・ブロイは、1928年までソルボンヌで物理を教えていました。その後、アンリ・ポアンカレ研究所、パリ大学の理論物理学教授を歴任、1929年には「電子の波動性の発見」でノーベル物理学賞を受賞しました。スイス・ジュネーブにある欧州合同原子核研究機構（CERN、p.159）は、大型加速器を備え、ヨーロッパだけでなく世界の高エネルギー物理学の研究拠点になっています。第二次世界大戦後、ヨーロッパの国々の間では科学研究でアメリカに対抗しようという気運が高まりました。1949年スイスで開かれた会議でド・ブロイが提案し、CERNがつくられたのです。

このように、光の正体の探究によって、長らく波と考えられていた光は、光子と名付けられた粒子の振る舞いをすることがわかりました。逆に、ド・ブロイによって、電子のような微粒子は、物質波と呼ばれる波の振る舞いをするということも確認され、量子力学の

華々しい開幕となるのです。

さらに、**電子線**によってラウエ斑点と同じものが得られることがわかり、電子線を光の代わりに用いる電子顕微鏡が開発されることに結び付いたのです。

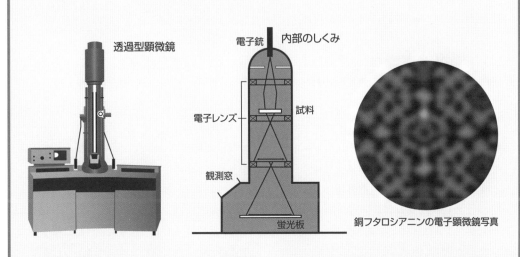

透過型顕微鏡

内部のしくみ
電子銃
電子レンズ
試料
観測窓
蛍光板

銅フタロシアニンの電子顕微鏡写真

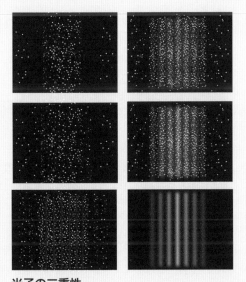

光子の二重性
複スリットを通った光子を1つ1つとらえた写真を再現した。時間の経過にともない光子の数が多くなると干渉縞が現れてくる様子がよくわかる

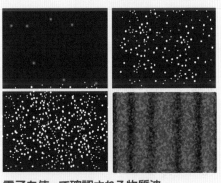

電子を使って確認される物質波
(左上)8個の電子　(右上)270 個の電子
(左下)2000 個の電子　(右下)16 万個の電子

光の正体とは？
身近な例から相対性理論まで

夏になると、紫外線対策のためにドラッグストアには数えきれないほどの日焼け止めが並びます。冬になると、赤外線のこたつやストーブで暖をとります。赤外線はどうして、ずっとあたっていても日焼けしないのでしょうか。

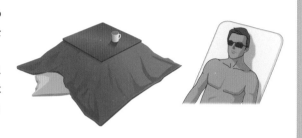

波長によって違う光のエネルギー

赤外線は振動数の小さい光の波で、エネルギーも小さいのです。したがって皮膚にあたってもほとんど影響しません。しかし、紫外線は光電効果を起こすくらい振動数の大きい光の波でエネルギーが大きく、あたった皮膚は金属のように電子が飛び出したりはしませんが、化学変化を起こし「日焼け」ということになります。

遠くの星が見えるのはなぜ？

夜空に輝く星の光は、どうして何億光年も離れた私たちの目に届くのでしょうか。

夜空に輝く星の謎も、光を粒子として考えれば説明ができます。驚くべきことに0等星の明るさでは、1秒間に$1mm^2$あたり1万個もの光の粒子が

地球に届いているのです。そして、私たちの目はじつに鋭敏にできていて、光の粒子がたとえ1個でも目に入ると、そのことが脳に伝わって「見えた」となるわけです。

このように、光は、たいていの場合は6章「光その1（波としての探究）」でお話ししたように日常の世界では波として振る舞い、時に粒子として振る舞うという二面性を持つと考えられるようになったのです。

ところで、この本の中でも度々登場するアインシュタインは、3つの大きな業績を残しています。1つめは、11章「原子の構造」でお話ししたブラウン運動の分子についての理論です。2つめは相対性理論です。そして3つめは光電効果（p.138）という光に関する理論です。アインシュタインと言えば相対性理論ですね。アインシュタインは当然ノーベル賞を受賞していますが、受賞理由は相対性理論ではなく、光電効果なのです。

相対性理論とは？

ここでは、せっかくですから相対性理論とそれにまつわる話をご紹介します。ここでも光の存在が大きな役割を果たしたのです。

相対性理論には、特殊相対性理論と一般相対性理論があります。私たちがイメージする相対性理論は「特殊」の方です。かの有名な$E = mc^2$とい

う式も特殊相対性理論の中で導かれる式です。ここでEはエネルギー、mは質量、cは光速です。アインシュタインの理論の根幹はやはり光なのです。

アインシュタインは16歳の時に「もし自分が光の速さで走って光に追いついたとしたら、光はどのように見えるだろうか」という疑問を持ちました。光の速さと自分の速さは打ち消し合って光は止まって見えることになると彼は大いに悩みました。そして、10年の歳月を経て、光速度はこの宇宙で絶対的な指標であり、その他のものはすべて相対的であると考える「光速度不変の原理」を思いついたのです。つまり、自分がどんなに速く走っても光に追いつくことはできず、自分に対する光の速さは変わらないと考えたのです。

そんな天才アインシュタインですが、「わが生涯における最大の過ち」と悔やんだことがあります。

アインシュタインは一般相対性理論を1つの数式で表しました。アインシュタイン方程式といいます。この方程式によって、宇宙のあらゆる場所において、その座標が重力場によってどのように変化していくかが計算できるようになりました。

ところが、この方程式を解くと、宇宙は時間とともに収縮したり膨張したりすることがわかりました。アインシュタインは困惑しました。彼は「宇宙は永遠にそのままの状態で変化しない」と思い込んでいたからです。

どうしたら自分の思い通りの式になるか考えた末、アインシュタインは、方程式に「宇宙項」という項をあえて加え、収縮も膨張もしないように細工をしたのです。

しかし、そんな細工はバレバレだったようで、何人かの科学者が「宇宙項」に疑問を呈し、いろいろな条件でアインシュタイン方程式を解くことを試みました。そのひとりがカトリック教会の聖職者でもあったルメートルです。ルメートルは「宇宙項」なしのアインシュタイン方程式から宇宙は膨張しているという解を導きました。さらに、現在膨張しているなら時間をさかのぼれば宇宙は1点になるのではないかと考え、今日のビッグバン理論の基礎を築きました。これは、彼が聖職者であったからこその発想かもしれません。

アインシュタインは、宇宙が膨張していることが観測からも明らかになると、「宇宙項」を入れたことを「わが生涯における最大の過ち」と潔く認め、国際会議でルメートルの発表に対して「私が今まで聞いた中で、最も美しく、納得のいく理論だ」とほめたたえたのです。

光速度を絶対的なものとしたことから、それまで絶対不変とされていた「時間」が伸び縮みし、光速度に近づいた物体は質量が大きくなることも導かれます。そして、ついにあの世界一有名な数式$E = mc^2$にたどりついたのです。

しかし、特殊相対性理論は、等速度で運動する「慣性系」でしか成り立たない「特殊な」理論であることから、加速度運動も含めて成り立つ理論を構築したのが「一般相対性理論」です。アインシュタインは加速度運動を考える上で重力に注目し、ファラデーやマクスウェルによる電場や磁場のように、重力場を想定しました。そして、重力はその重力場のゆがみ、つまり時空のゆがみであるとしました。この考えが今日のブラックホールの理論のもとになったことは、一般にもよく知られているでしょう。そして、一般相対性理論によれば光も強い重力場では曲がることになります。1916年皆既日食の時に、遠くの星からの光が太陽による重力場で曲がることが観測され、一般相対性理論が正しいことが証明されました。

さて、これであなたも日常会話の中で「相対性理論ではさあ…」とちょっと見栄を張ることができるのではないでしょうか。

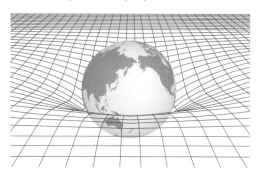

量子力学とアインシュタイン

量子力学の不確定性に抵抗、思考実験をするも……

アインシュタインは、自分が考えた「光の量子化」によって量子力学という学問分野が始まったにもかかわらず、量子力学の理論は我慢がならなかったようです。特にアインシュタインが受け入れ難かったのは**不確定性原理**のような二重性です。量子力学でお話しする「シュレーディンガーの猫」パラドックスもアインシュタインの発想に基づくものです。

アインシュタインは、世界は物理法則によって決定論的に記述できるという信念を持っていました。理系といわれる人たちはこのタイプが圧倒的です。そういう人たちになぜ、数学や物理が好きかと問うと、答えが1つだからという言葉が返ってきます。しかし、量子力学の世界はそうではないことが14章「量子力学」の章を読むとわかります。

神のサイコロ遊び

1927年10月に開催された第5回ソルベイ会議という国際会議では、こんな問答が交わされています。アインシュタインは、量子力学の粒子の存在は確率的にしかいえないという理論について「あなたは本当に、神がサイコロ遊びのようなことに頼ると信じますか」と問うたのに対し、ボーアは「あなたは、ものの性質をいわゆる神の問題に帰する時には、注意が必要だと思いませんか」と言い返したのです。

軍配はどちらに？

そして、1930年の第6回ソルベイ会議で、アインシュタインは「箱の中の時計」という思考実験によって、量子力学の矛盾を明らかにしたと高らかに宣言したのです。

箱の中の電球から、光子が1個シャッターを通って飛び出すと、連動したタイマーで飛び出した時刻がわかり、同時に光子1個分軽くなってバネが縮み質量がわかることでエネルギーも求めら

れます。これは、時間とエネルギーを同時に観察できないとする不確定性原理に反するものです。この思考実験には、さすがのボーアも参ったようです。

しかし、翌朝、光子が1個出ていくことで箱は軽くなり、上に動く。箱が動けば特殊相対性理論によって時間は遅れ正確に測れないとボーアは反論し、まさしく相手の本丸に切り込んで勝利を上げたのです。

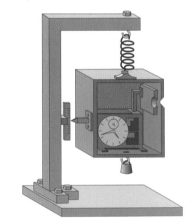

1930年の第6回ソルベイ会議でアインシュタインが披露した思考実験の概念図

世紀の天才の最期

翌年、アインシュタインは量子力学についての論文を書き、ボーアの反論を認めています。こうして、アインシュタインと量子力学の戦いは、量子力学の勝利に終わったのです。

アインシュタインの晩年の活躍は数多く書かれているアインシュタインの伝記に譲ることとして、1955年4月18日プリンストン病院で人生の歩みを止めた時、ベッドの横にはイスラエルの独立記念日に行う予定だったスピーチの原稿と未完の統一場理論の計算式が残されていたことはお伝えしたいと思います。アインシュタインは、人生の最期まで、アインシュタインだったのですね。

14 量子力学

- ### プランク
  (1858–1947年)

  量子力学はプランクに始まる

- ### ボーア
  (1885–1962年)

  原子の構造について「ボーアモデル」を構築

- ### シュレーディンガー
  (1887–1961年)

  波動方程式により量子力学の数学的根拠示す

キルヒホッフの研究から始まった

　大学で、物理学科の学生を悩ませ、今や電気電子工学科の学生をも苦しめる量子力学ですが、ことの始まりはキルヒホッフ（1824-1887年）の研究です。キルヒホッフは、溶鉱炉内の温度を測るために炉から放射される光の色を調べました。さらに、すべての振動数の光を吸収する完全に真っ黒な「黒体」を仮想し、その「黒体」による放射の強さは、物体の性質には影響されず、温度と波長のみに依存することを見いだしました。しかし、この現象「黒体放射」は、光の強さと振動数の関係で、理論値と実験値が一致しなかったために、物理学者を大いに困惑させました。そこにさっそうと現れたのが**プランク**です。プランクは「黒体放射」の問題を「量子」の考えを取り入れることで見事解決し、量子力学の扉を開けました。

　プランクに続いたアインシュタインはp.138で紹介しています。**ボーア**は、ボーアモデルという量子の考えを取り入れた原子モデルを提唱しました。**シュレーディンガー**は、波動方程式を使ってボーアモデルが正しいことを証明し、量子力学に数学的な根拠を与えました。

　ここでは取り上げませんでしたが、ハイゼンベルク（1901-1976年）も行列という手法を用いてボーアモデルの証明を行いました。さらに「粒子の場所と運動量は、同時に厳密に測定することはできない」という不確定性原理を提唱し、この原理は量子力学の哲学的な支柱となっています。

　量子力学より前に確立されたニュートン力学などを「古典力学」といいます。古典は古いという意味ではありません。その違いは、法則を適用する対象の大きさの違いです。量子力学は、電子や光子などの素粒子レベルで成立する理論体系で、それより大きい、言わば私たちが見聞きできるレベルでは古典力学の法則通りです。ですから、科学技術の最先端であるロケットの航路の計算も、古典力学によって導かれています。

プランク

マックス・カール・エルンスト・ルートヴィヒ・プランク（1858-1947年）／ドイツ
ホルシュタイン公国（現ドイツ）に生まれ、ベルリン大学などで熱力学を熱心に学びました。黒体放射を考える過程で"量子"という概念を導入し、量子力学の開祖となりました。90歳近くまで長生きして、2度の大戦中もドイツにとどまりその盛衰を目の当たりにしました。マックス・プランク研究所にその名を残しています。

量子力学はプランクに始まる

黒体放射

キルヒホッフを師とあおぐプランクは、黒体放射（p.154-155）の問題を克服しようと、実験データと見事に一致する関係式を導き出しました。プランクはここで研究をやめても後世に名を残したでしょうが、さらにこの式の検討を進め、黒体放射の光のエネルギーは、定数 h ×振動数と考え、$1 \times h$ ×振動数、$2 \times h$ ×振動数、$3 \times h$ ×振動数…と飛び飛びの整数倍の値をとる、つまり連続的ではなく非連続的であると考えるに至ったのです。

飛び飛びの値をとるという考えを<u>量子化</u>といいます。プランクがエネルギーの量子化を取り入れて書き直したのが「プランクの放射式」です。

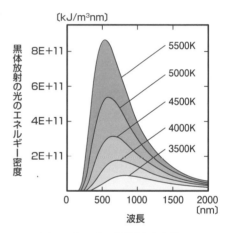

図1　プランクの放射式を表すグラフ

プランクの放射式は次のようになります。

こぼれ話

良心の人プランク

プランクは、音楽家になろうと考えたこともあるほどのピアノの腕前で、シューベルト、シューマン、ブラームスといったロマン派の作曲家を好みました。また、家族をたいへん大切にして、プランクの家では定期的に演奏会が開かれました。有名なバイオリニストとアインシュタインと3人で演奏したこともありました。

第二次世界大戦の末期、ヒトラーに抵抗しながらもドイツにとどまっていたプランク夫妻を

スウェーデンで発行された切手

心配した後輩は、アメリカ軍に保護を依頼しました。アメリカ軍はその依頼に応え、夫妻を探し出しジープに乗せて安全な町まで運びました。

p.155図4の式を $a=\dfrac{h}{k_B}$ と置き換えています。

$$u(v,T)=\frac{8\pi v^2}{c^3}\frac{hv}{e^{hv/k_BT}-1}$$

量子力学の幕開け

　グラフ図1は、p.154の図1の横軸を振動数から波長に直したものです。温度によってピークの波長が飛び飛びの値になっています。ピークの波長の光が目に見えることから、見える光の色が連続的に変化しないという観察結果と一致します。

　プランク自身は物理学者としては古典的な考えの持ち主で、自分の突拍子もない考えに納得できていなかったようです。

　プランクによる初期量子論の論文を理解した数少ない物理学者のひとりがアインシュタインでした。アインシュタインはプランクの考えに大きく触発され「光電効果」の解明に至りました。また、プランクの人柄にも深く傾斜して、ベルリンにいて楽しいことを挙げた最後に「プランクの近くにいることが何より喜びだ」と言っています。

　プランクは、物理学者としてだけでなく人としてもあまりに立派でした。驚くべき手腕を発揮して指導者として後輩から尊敬され、アインシュタインだけでなくあらゆる人の刺激となりました。ボーア、ハイゼンベルク、シュレーディンガー、ディラックら若き天才たちがプランクに続いて「量子力学」の確立に邁進しました。

　プランクは特にシュレーディンガーの波動方程式を気に入っていました。「遂に合理的な量子力学の創造をみることができた」と、ふたりの往復書簡に書いてあります。

　プランクが考えたエネルギー量子の定数 h はプランク定数と呼ばれています。

(((波及効果)))

　質量の単位「キログラム」は、これまで白金イリジウム製の「国際キログラム原器」をもとに定義されていました。「国際キログラム原器」は厳重に保管されてはいるものの表面の汚れなどで100年間に50マイクログラムの変動があると推定されています。そこで、レーザーを用いて1メートルの定義が改定されたことに続き、2011年、キログラムの大きさは、プランク定数をもとに定義されることになりました。プランク定数から導いた電子の質量を基準として炭素原子核1個の質量を求め、それをもとにキログラムを定めることになったのです。日本の産業技術総合研究所は、世界最高レベルの精度でプランク定数を測定し、その決定に貢献しました。（産総研ホームページより）

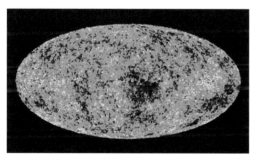

宇宙マイクロ波背景放射
ビックバンの名残と考えられている宇宙背景放射の、探査機による観測は、驚くべき精度でプランクの放射式を検証している。宇宙放射の温度は2.75±0.001〔K〕と測定されている

産総研で保管する日本国キログラム原器。
朝日新聞社提供

ボーア

ニールス・ヘンドリック・ダヴィド・ボーア（1885–1962年）／デンマーク

デンマークに生まれ、26歳でイギリスに留学してラザフォードの研究室で1年間過ごしました。その後、ラザフォードが所長になったキャヴェンディシュ研究所と、ボーアが創設した理論物理学研究所は、第一次世界大戦と第二次世界大戦の間の束の間の平和な時間、世界の物理学の2大拠点となりました。

原子の構造について「ボーアモデル」を構築

長岡モデルの問題点を指摘して、みごと解決

長岡半太郎が考えた原子核の周りを電子が回っているという原子の構造は、ラザフォードによって確かめられましたが、大きな壁にぶち当たりました。運動する電子は、電磁気学によれば電磁波を放出します。すると、電子の運動エネルギーは減っていき、やがて電子は右の図のように原子核に落ち込んでしまうことになります。つまり、原子がつぶれてしまうのです。もちろん実際にはそんなことにはならず、原子は安定しています。この矛盾は大きな問題でした。この問題に大胆な発想の答えを示したのがボーアです。彼は、いちばん単純な水素原子について、電子の運動を波のように考えたのです。

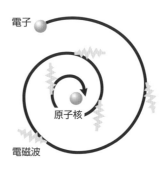

ラザフォードの考えによる
原子核の周りを回る電子

こぼれ話

文武両道の研究者、ボーア兄弟

ニールスと弟のハロルドは、文武両道のお手本のような兄弟でした。ふたりともサッカーの選手で、ハロルドはオリンピックに出場し銀メダルに輝きました。数学者として概周期関数論など華々しい業績をあげましたが、数学に関する講演会の参加者の半分はサッカーファンだったといわれています。

ニールスはゴールキーパーだったのですが、試合で味方が攻めている時、ヒマだからと数式を解くのに夢中になってゴールされてしまったという逸話があります。

さらに、ニールスのふたりの息子のうち、ひとりはノーベル物理学賞を受賞し、もうひとりはホッケー選手としてオリンピックに出場しています。

ボーアモデル

　ボーアは、電子の波が原子核の周りをめぐる時、元の位置に戻るためには、下の図にあるように1周の長さが電子の波の波長の整数倍でなければならないとしました。これが**ボーアモデル**です。また、ボーアの原子モデルによって、水素原子が出す**輝線スペクトル**についても説明が可能になりました。アインシュタインの光量子説では、粒子のエネルギーは波長によって決まることから、電子の波の波長が飛び飛びであれば、そのエネルギー状態も飛び飛びになります。エネルギー状態が変わる時、その差の分だけ特有の光を出すと考えられたのです。

　ボーアの原子モデルはド・ブロイの物質波の考えに先だったものでした。そして、ハイゼンベルクとシュレーディンガーの全く異なる方法論によって確かめられ、このことが、量子力学を大きく花開かせることになるのです。

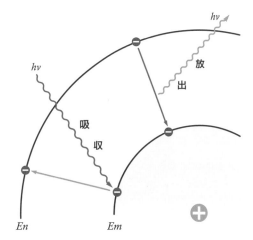

ボーアモデルの光の吸収と放出

低いエネルギー状態Emの電子は、光のエネルギー$h\nu$を吸収すると、高いエネルギー状態Enに飛び移る。逆にEnからEmに落ちると$h\nu$のエネルギーを光として放出する

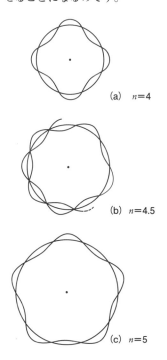

(a) $n=4$

(b) $n=4.5$

(c) $n=5$

量子条件と原子の安定性

nは波長の数を表している。(a)は波長が4で安定している。(b)は波長が4.5と整数ではないので、1周したときに山と谷がずれて安定しない。(c)は波長が5で安定している

(((　**波及効果**　)))

　ボーアの最大の功績は研究所を設立し、そこに集った多くの物理学者を世に送り出したことにあります。当時の様子とボーアの役割について、オッペンハイマー（1904-1967年）は次のように記しています。「英雄の活躍する時代だった。ひとりの人間によるものではない。さまざまな土地からやってきた何十人という科学者が協力したが、ニールス・ボーアの創造力と批判精神が徹頭徹尾導き、抑えつけ、最後に一大事業へと変えたのだった」

　電子を波と考えるボーアの原子モデルは、電子がどこに存在するかを決定付けることはできず、存在は確率でしか把握できないという考えに発展していきました。この考えをアインシュタインは受け入れることができず、ボーアとの対立は深まりました。（「13章 光その2（波と粒子の二重性）」のコラム（p.146）参照）

シュレーディンガー

エルヴィン・シュレーディンガー（1887−1961年）／オーストリア

オーストリアのウィーンに生まれ、ウィーン大学で学んだ後、スイスのチューリヒ大学の教授となり、固体比熱、熱力学、原子スペクトルなどの研究の他、色彩学においてもその才を発揮しました。その後ベルリン大学の教授に就任しましたが、ナチス政権に反対して辞職し、最終的にアイルランドのダブリン高等研究所に落ち着きました。

波動方程式により量子力学の数学的根拠示す

波動方程式

1923年に発表されたド・ブロイの物質波の考えに影響を受け、1925年シュレーディンガーは、物質波の電子の状態を表す関数を「シュレーディンガーの**波動方程式**」として作り上げ、ボーアの原子モデルが数学的に正しいことを証明しました。この方程式は、さらに原子核や素粒子の振る舞いについても明確な説明を可能にし、量子力学に数学的な根拠を与えました。

シュレーディンガーの波動方程式は、粒子の運動を表すド・ブロイの波動関数 ψ（ギリシャ文字：プサイ）を、時間座標 t と電子の位置座標の関数として、表したものです。

$$i\hbar \frac{\partial \psi}{\partial t} = H\psi$$

こぼれ話

ボルツマンに傾倒、哲学的な本も執筆

シュレーディンガーがウィーン大学に入学する直前ボルツマンが自殺しました。原子論をめぐってオストヴァルトやマッハと激しく対立し精神を病んだ結果でした。シュレーディンガーは、ボルツマンの後任の物理学教授に学び、「ボルツマンの考えこそ科学における私の初恋であった」と語るほど彼の考えに傾倒しました。

スイスのチューリヒ大学の数学者のヴァイルとの親交が「シュレーディンガーの波動方程式」に結び付きました。今日、大学の物理学科で、量子力学の初年の授業では、ハイゼンベルクの行列力学よりも「シュレーディンガーの波動方程式」を学ぶのが一般的ですが、出来のよくない学生は完膚なきまでに叩きのめされるような難易度です。

ダブリンでは、『生命とは何か』『科学とヒューマニズム』『自然とギリシャ人』『精神と物質』といった哲学的な本も何冊か書きました。『生命とは何か』では、遺伝子はタンパク質であるとしました。今日では遺伝子はタンパク質ではないことがわかっていますが、生命現象を決定論的に捉えた彼の立場は正しかったのです。

1983年から1997年まで、シュレーディンガーはオーストリアの1000シリング紙幣の顔になっています

この方程式はチロルの田舎町アルバッハにあるシュレーディンガーと妻の墓標に刻まれています。

シュレーディンガーの猫

次ページで詳しくお話しする「**シュレーディンガーの猫**」というパラドックスに対して、当の本人は「不明瞭なモデルを現実にあてはめることを、有効な手段だとみなさないようにしなければならない。不明瞭なものや矛盾するものは、本質的に、モデルを用いても具体化させることはできないのである」と、量子力学の問題点を記しています。

シュレーディンガーは、もともと**重ね合わせ**という考えが気に入らず、このようなパラドックスを投げかけたのです。

このやっかいな問題に対して後に、重ね合わせという考えではなく、新たな考えも出てきました。「多世界解釈」といいます。SF好きならワクワクする解釈です。猫は生きている世界と死んでいる世界、並行して2つの世界が存在し、箱を開けたとたん、観測者も猫が生きている世界と、猫が死んでいる世界のどちらかに分かれるというものです。

「シュレーディンガーの猫」は今日でも議論が続いています。

「パウリの排他原理」

量子力学3人組に取り上げることができなかったのですが、スイスの物理学者ウォルフガング・パウリ（1900-1958年）が1924年に提唱した「**パウリの排他原理**」は、量子力学では重要な原理です。それは「1つの電子軌道には、まったく同じ量子状態の電子は1個しか入れない」というものです。例えば、電子は自転しているのですが、ヘリウム原子の2個の電子は、右回りと左回りで量子状態が異なるので同じ軌道を回れます。リチウム原子の3個の電子のうち2個は同じ方向に回転するので、1個は別の軌道を回るのです。

(((波及効果)))

量子力学は、浮世離れした学問だと思われるでしょうが、そうではありません。私たちは、量子力学の発展の恩恵に日々あずかっています。携帯電話やパソコンなど半導体を用いた技術や、レーザーの技術が飛躍的に発展したのは量子力学のおかげなのです。

そして今最も注目されているのが、**量子コンピューター**です。現在のコンピューターは「0」と「1」からなるデジタルデータを高速で処理しているのですが、量子力学によれば、「0」と「1」を重ね合わせた状態が考えられ、複数の計算を同時に処理することができるので、各国が開発にしのぎを削っています。

「シュレーディンガーの猫」が大活躍する日も近いのです。

今後の活躍が期待される量子コンピューター

量子力学って？
考え方や成り立ちを知ろう

「シュレーディンガーの猫」という言葉を耳にしたことはありませんか。「シュレーディンガーの猫」は、シュレーディンガーが提案した思考実験です。

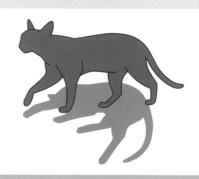

黒体放射とは

量子力学の事の起こりとなった「**黒体放射**」（p.148）について、もう少し詳しくお話しします。キルヒホッフといえば電気回路における「キルヒホッフの第一法則、第二法則」があまりに有名ですが、ドイツにおける製鉄の効率化にも取り組んでいました。それまで職人の勘に頼っていた溶鉱炉内の温度を正確に測ろうとしたのです。

そして、黒体放射から、溶鉱炉内の鉄の色と温度の関係を明らかにし、製鉄業に大いに貢献しました。しかし、彼の貢献は製鉄にとどまらなかったのはすでにお話しした通りです。

色付きの物体は、その色に応じた光を発するので発する色と温度の関係がわからない

黒い物体は自分の温度に応じた波長の光を出すので発する色と温度の関係がよくわかる

鉄箱を熱すると鉄が光を放ち、箱の内部で放射・吸収を繰り返して平衡状態になる。この光の振動数を調べるのがベスト

黒体とは鉄の箱

ところで、黒体とは何でしょうか。

身近なものでこんなふうに「黒体」を作ることもできます。写真は、縫い針を1000本束ねたものの先端の写真。先端部分が黒体です。

ふとん用縫い針を千本束ね、先端を上に向けて容器に立ててある

入った光は反射を繰り返し奥へ奥へと進み、出てくることはできないので先端は黒くなります

そして、黒体の発する色と温度の関係を表す黒体放射のグラフは図1のようになります。

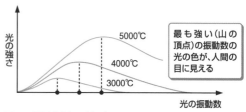

図1　黒体放射の測定グラフ

図2と図3のグラフと式は「黒体放射」の理論値と実験値が一致しない場合です。$u(v, T)$ は振動

数νによる光の強さです。ここでは温度Tは一定です。k_Bはボルツマン定数、cは光速です。ボルツマン定数はエネルギーに関する定数です。

$$u(\nu,T) = \frac{8\pi k_B}{c^3} \nu^2 T$$

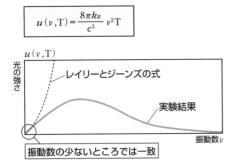

図2　レイリーとジーンズの式

$$u(\nu,T) = \frac{8\pi k_B a}{c^3} \nu^3 e^{-a\nu/T}$$

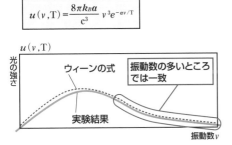

図3　ウィーンの式

プランクが導き出しみごと一致したグラフと式は次です。

$$u(\nu,T) = \frac{8\pi k_B a}{c^3} \frac{1}{e^{a\nu/T}-1} \nu^3$$

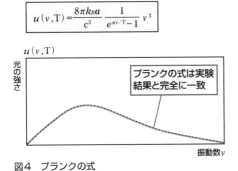

図4　プランクの式

思考実験「シュレーディンガーの猫」

それではここで、かの有名な「シュレーディンガーの猫」のパラドックスをご紹介しましょう。

初めに、外からは中が見えない箱を用意しま

す。この中に放射性物質（12章「放射線」参照）のラジウム、放射線検知器、検知器と連動するハンマー、青酸カリが入ったガラス瓶を入れます。

ラジウムからアルファ線が放出され、それを放射線検知器が検知すると、ハンマーが作動してガラス瓶を割り、瓶の中から猛毒の青酸ガスが出る仕組みにします。瓶から青酸ガスが出る過程については、検知器と連動した装置がふたを開けるという説もありますが、どちらでもいいことです。

そこに1匹の猫を入れます。えさや水はどうするのか、と心配は無用です。あくまでも思考実験です。

ラジウムからいつアルファ線が出るのかは、わかりません。仮に1時間以内にアルファ線が出る確率を50％とすると、1時間後、猫はどうなっているのでしょうか。

もちろん、箱を開ければ猫が生きているのか、死んでいるのかはすぐにわかります。問題は箱を開ける前です。アルファ線が出る確率は50％だから、生きているかもしれないし、死んでいるかもしれない、箱の中が見えないからわからないだけで、どちらかであると考えるのが普通の考えでしょう。

しかし、量子力学の世界では2つの状態の**重ね合わせ**ということを「平気」で考えます。例えば、原子核の周りにある電子を、ここにある確率は50％、あそこにある確率は50％で、どちらかにあるではなく、どっちにもあると考えるのです。

猫の運命に話を戻せば、量子力学の世界では、箱を開ける前の猫は、生きている状態と死んでいる状態を重ね合わせた状態であるということになるのです。

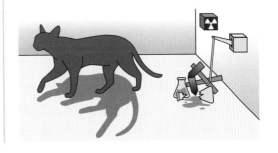

朝永振一郎と、同時代の科学者たち

良きライバル、湯川秀樹

　朝永振一郎（1906-1979年）は哲学者の家に生まれ、湯川秀樹とは高校大学ともに同級生です。京都大学を卒業後、ドイツのライプチヒ大学に留学しハイゼンベルクの下で原子核理論の研究をしました。1941年東京文理科大学（現在の筑波大学）の教授となり、1965年にシュウィンガー、ファインマン（1918-1988年）とともにノーベル物理学賞を受賞し、量子電磁力学という分野を確立しました。

　朝永は、同級生である湯川とは良きライバルでしたが、何かというと湯川が話題に取り上げられるのは、湯川が先にノーベル賞を受賞したからだけではないようです。湯川の受賞理由が、中間子という、よく訳がわからなくても具体的な粒子の存在を予測したことに対して、朝永は「くりこみ理論」という、大学の物理学科の学生にとっても難解な理論のみが受賞理由であったことが知名度の低さの原因でないかと考えられます。同様にファインマンも軽妙洒脱なエッセイで有名ですが、その実、何を研究したかはほとんど理解されていません。

朝永とファインマンの理論、量子電磁力学

　そこで、無謀な試みではありますが、ファインマンの講演の記録をもとに、朝永やファインマンの理論のフレーバーだけでも味わっていただけるようなお話をしたいと思います。

　さて、量子力学は大成功を収めましたが、光と物質の間の相互作用の問題が残っていました。マクスウェルの電磁気理論を、量子力学の新しい考えに合うように変える必要がありました。そこで、光と物質の相互作用の量子論、量子電磁力学が1929年に生まれたのです。

　ところが、この量子電磁力学には問題があって、何かを大雑把に計算しようとすると、ほぼ納得のいく答えを出せるのですが、もっと正確に計算しようとすると、初めのうちたいしたことはないと思っていた補正のための項が予想に反して大きくなるのです。大きいどころか、無限大で、ある程度以上の正確な計算は決してできないということになったのです。

画期的な発見「くりこみ理論」

　1948年頃シュウィンガー、朝永、ファインマンの3人は、ほぼ同時期に独立してこの問題を解決する方法を考えました。実験で測定される電子の質量と電荷は、「裸の質量と電荷」に自己相互作用を加えたものになります。「裸の質量と電荷」を測定することはできません。そこで補正の無限大を打ち消すような無限大を「裸の質量と電荷」に「くりこむ」ことを提案したのです。なんだか狐につままれたような狸に化かされたような奇妙な理論ですが、この効果は絶大で、電子の磁気モーメントの最近の実験値は1.00115965221で、くりこみ理論を取り入れた理論値は1.00115965246で、その精度はニューヨークからロサンゼルスまでの全距離を測定した時、その誤差が人間の髪の毛の太さに過ぎないくらいになります。

　さて、実験精度がますます上がっている今日においても、くりこみ理論はその有効性を失っていません。また、くりこみが不可能な理論は、くりこみ可能な新しい理論に取って代わられるなど、電磁量子力学だけでなく、量子力学や素粒子全体の基盤となる理論といえます。どうでしょうか、くりこみ理論のフレーバーが少しは漂ったでしょうか。

朝永振一郎　　　ファインマン

15 素粒子

- ## ディラック
  (1902-1984年)

  反粒子の存在を予言した

- ## フェルミ
  (1901-1954年)

  ニュートリノの存在を予言

- ## ゲル-マン
  (1929-2019年)

  クォークを提唱した

原子よりも小さな、物質の最小単位

19世紀末までは、原子がいちばん小さな粒であると考えられていました。しかし、11章「原子の構造」でお話ししましたように、1897年J.J.トムソンによって電子の存在が明らかにされ、1911年ラザフォードによって原子の中心に核になるものがあることが証明されました。原子は、陽子と中性子から成る原子核の周りを電子が回るという構造であることもわかりました。そして、素粒子というさらに基本的な粒子が考えられ、また実際に観測されたりしていったのです。

ディラックは、電子をはじめすべての素粒子には、反粒子と呼ばれる電荷が反対の粒子が存在することを予言しました。**フェルミ**は、ニュートリノという素粒子を考えつきました。そして、学生にある素粒子の名前を聞かれ、「粒子の名前を覚えていられるくらいなら、植物学者になっていたよ」と答えたそうです。その答えの理由は、

1950年代半ばに知られている素粒子は20種類もなかったのですが、10年後には100に近づき、新型加速器や高感度の検出器のおかげで素粒子の種類は増すばかりで、その分類に物理学者は頭を悩ませていたからです。そこで、クォークという素粒子を導入してみごとに整理したのが、**ゲル-マン**です。

今のところ、素粒子は、p.164の表の基本粒子とあるものです。基本粒子の中でも物質を構成する粒子のクォークとレプトンを、物質粒子またはフェルミオンといいます。

また、力を媒介する粒子をゲージ粒子、ボゾンといいます。重力を伝える重力子（グラビトン）はまだ発見には至っていません。ヒッグス粒子は今いちばん注目されている粒子で、質量を与える粒子です。2012年7月4日CERN（p.159）でその存在が確認されました。陽子と中性子のようなクォークからできている複合粒子は、今や素粒子というくくりから外れています。

ディラック

ポール・エイドリアン・モーリス・ディラック（1902−1984年）／イギリス

イギリスのブリストルに生まれ、ブリストル大学で工学と数学を学び、ケンブリッジ大学で物理学を学びました。数学に極めて秀で、数学を駆使して量子力学に相対論を取り込みました。1932年にはかつてニュートンが務めたケンブリッジ大学のルーカス記念教授に任命され、虚飾を嫌うニュートンのスタイルを復活させました。

反粒子の存在を予言した

量子力学と相対性理論

ハイゼンベルクの行列力学と、シュレーディンガーの波動方程式が、量子力学において異なる表現に過ぎず、内容的には同等である（等価性）ことを示し、量子力学の数学的な基礎を確立しました。素粒子の世界では、粒子が光の速さに近いスピードで運動するので、相対性理論の影響下にあります。ディラックは、量子力学を相対性理論に矛盾しないように書き直したところ、$E^2=m^2c^4$であることを導き出しました。

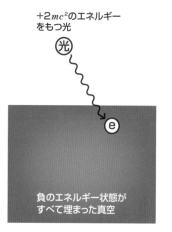

+2mc^2のエネルギーをもつ光

光

e

負のエネルギー状態がすべて埋まった真空

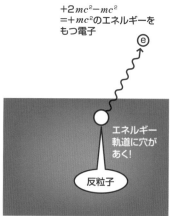

+2mc^2−mc^2
＝+mc^2のエネルギーをもつ電子

e

エネルギー軌道に穴があく！

反粒子

ディラックが考えた反粒子ができるイメージ

こぼれ話

注目を嫌い、ノーベル物理学賞はしぶしぶ受賞

ディラックは、SFが大好きで『2001年宇宙の旅』は映画館で3回見ました。「物理法則は数学的な美を備えていなければならない」「神はきわめてレベルの高い数学者であり、きわめて高等な数学を使って宇宙を構築したと言えるだろう」と言っています。ノーベル物理学賞の受賞が決まった時、注目の的になることを嫌い辞退しようとしましたが、辞退すればもっと注目を浴びることになるとラザフォード（p.122）に論され、受賞しました。

反粒子の存在を予言

　この式をEについて解くと$E = \pm mc^2$と2つの解が得られることから、すべての粒子に質量は同じだが、電荷などすべての性質は正反対の「**反粒子**」が存在することを予言しました。実際に、電子の反粒子の陽電子は1932年に発見されています。反陽子、反中性子も見つかっています。

「対消滅と対生成」

　2009年に、反粒子を取り上げた映画が公開されました。ダン・ブラウン原作の『ダ・ヴィンチ・コード』のヒットに続いて製作された同じ作者の原作による『天使と悪魔』という映画です。欧州合同原子核研究機構（CERN＝セルン）で反粒子からできた反物質が盗まれたという設定で始まる手に汗にぎるサスペンスです。

　反物質は普通の物質と触れ合うと**対消滅**して、各々の質量が100％エネルギーに変わり莫大なエネルギーを放出するということになっています。そんな反物質をどのように保管するのか、など物理屋には突っ込みどころ満載のストーリーでした。

左　スイス・ジュネーブにある欧州合同原子核研究機構（CERN＝セルン）の外観
下　CERNの加速器のトンネル

　さて、対消滅とはどういうことでしょうか。また**対生成**という言葉もあります。ディラックの考えから、真空中に高エネルギーの光子を入射すると、電子と陽電子に変わるという現象が予想されます。これが対生成です。逆に電子と陽電子がぶつかると光子を放出して、電子と陽電子は消滅してしまう、これが対消滅です。この現象をディラックはp.158の図のように考えましたが、実際には真空は負のエネルギー状態が埋まったものではありません。ファインマンは次の図のように考えました。この図はファインマン図と呼ばれ、縦軸は時間を横軸は空間で、電荷を持った粒子の間で光子がやりとりされる（電磁気力が働く）様子を表しています。

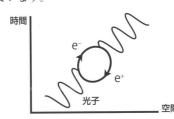

ファインマン図。電荷を持った粒子間の光子のやりとりを示している

(((**波及効果**)))

　ディラックの反粒子は、宇宙創成について重大な問題提起をしました。宇宙の始まりの**ビッグバン**では、エネルギーを持つ2個の粒子が衝突し、粒子と反粒子が生成されたと考えられます。粒子と反粒子が同じ数だけ生成されたとすれば、現在の宇宙像は次の2通りが考えられます。

1. 粒子と反粒子は消滅し合い、エネルギーだけの宇宙になる。
2. 粒子と反粒子が、それぞれの物質の宇宙が存在する。

　残念ながら反物質でできた「反宇宙」は観測されていません。なぜ我々の宇宙には物質だけが存在し、反物質は存在しないのか、これは現在も研究が続く物理学の大きな課題です。

フェルミ

エンリーコ・フェルミ（1901−1954年）／イタリア

　ローマに生まれ、24歳でローマ大学の教授になり、当時としてはめずらしい理論物理学者と実験物理学者の二面性を備えていました。その業績により1938年ノーベル賞を受賞しましたが、授賞式に出席の際、ユダヤ人の妻ラウラとともにアメリカに亡命しました。その後、原子炉の開発など原子力の利用に貢献しました。

ニュートリノの存在を予言

ベータ線の研究から

　放射線のベータ線の正体は電子であり、それは原子核内の中性子が陽子に変わることで放出されるものであることがわかっていました。しかし、ベータ線が放出されるベータ崩壊の前後でエネルギーの収支が合わないことが大きな問題となりました。

　パウリ（1900-1958年）は、崩壊前の中性子は電荷がゼロで、崩壊後の陽子と電子を合わせた電荷もゼロであることから、ベータ崩壊の際に、電気的には中性で質量がほとんどない粒子が放出されると考えました。フェルミは、この粒子の存在を確信し、<u>ニュートリノ</u>と命名しました。ニュートリノとはイタリア語で「小さい中性のもの」という意味です。

　フェルミは、ベータ崩壊では、中性子、陽子、電子、ニュートリノの4つが1点で相互作用すると仮定しました。この相互作用はフェルミ相互作用と呼ばれます。フェルミが提案した理論は、場の量子論を電磁場の相互作用から素粒子相互作用に拡張した点で大きな意義がありました。

「フェルミと原子力開発」

　フェルミは、ニュートリノの命名者というよりは、原子炉の開発者として有名です。

　1934年ジョリオ−キュリー夫妻（マリー・キュリーの娘夫婦）がアルファ線を照射して人工的に放射性物質を作ることに成功しました。フェルミはアルファ線の代わりに中性子を用いることを思いつき、ローマ大学では次々と新しい放射性物質を作り出しました。また、その際に中性子を減速させると核分裂が促進されることも見いだしました。この発見によって、良くも悪くも原子力の利用は実用化に向かうこととなりました。

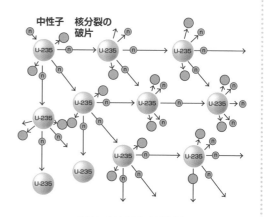

ウランの核分裂の連鎖反応

「クォークとニュートリノ」

中性子は今日では2つのダウン**クォーク**（p.163）と1つのアップクォーク（p.163）でできていて、陽子は1つのダウンクォークと2つのアップクォークからできていることがわかっています。ベータ崩壊では、中性子の中の1つのダウンクォークがアップクォークに変わって陽子になり、その際に電子と反ニュートリノが放出されます。反ニュートリノとは、太陽光や宇宙線に含まれる普通のニュートリノの反粒子です。

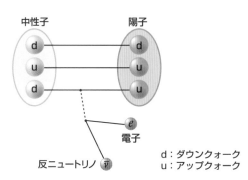

ベータ崩壊

「ニュートリノの捕まえ方」

ニュートリノは電荷を持たないので、他の物質とほとんど反応しません。宇宙から飛んでくるニュートリノは、実は私たちの身体を1秒間に数百兆個も突き抜けているのに、その観測はたいへん難しいものです。それでも、そんなに大量に飛んでくるのですから何とかキャッチしようと、各国がしのぎを削る中、飛騨の鉱山跡に建設されたのがカミオカンデです（p.165）。ここでは、ニュートリノをキャッチする仕組みを説明します。

まず、なぜ鉱山跡なのかですが、宇宙線には様々な粒子が含まれるので、観測したいニュートリノだけが突き抜けてくる地中深く（地下1000m）に建設されたのです。

ニュートリノはごくごくまれに物質に衝突し、電気を持った粒子をたたき出します。**スーパーカミオカンデ**では5万トンの水をためてニュートリノが水の中の電子や原子核にぶつかる機会を待っ

ているのです。たたき出された粒子は、水中での光速よりも速く走ると**チェレンコフ光**が放出されます。チェレンコフ光の進み方は、音速における衝撃波と同じです（p.78）。水のタンクの壁面に取り付けられた光電子増倍管がチェレンコフ光をキャッチし、進行方向、位置、粒子の種類など情報を得ることができ、ぶつかったニュートリノについても情報が得られるという仕組みになっています。

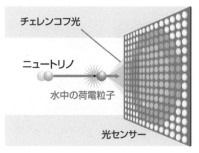

ニュートリノと水の反応

(((波及効果)))

フェルミの理論を知った湯川秀樹は、陽子と中性子の間の核力にもニュートリノが関与していると考えましたが、それでは弱い核力しか得られないことがわかり、新たに中間子という粒子を考えるヒントを得ることができたのです。

フェルミはアメリカ亡命後はコロンビア大学で核分裂反応の研究を始め、シカゴ大学で世界初の原子炉を稼働させることに成功しました。

フェルミが稼働させた原子炉跡の記念プレート。朝日新聞社提供

15

素粒子

ゲル-マン

マレー・ゲル-マン（1929−2019年）／アメリカ

アメリカ、マンハッタンに生まれ15歳でイエール大学に入学、19歳で卒業します。22歳でMITにおいて博士の学位を得て、23歳でシカゴ大学に職を得ました。以後、素粒子の研究に没頭し、1964年クォークモデルを提案しました。クォークモデルによる素粒子の分類や相互作用の多大な貢献によって1969年ノーベル賞を受賞しました。

クォークを提唱した

クォークモデルを考案

1960年代初めまでに多くの加速器が造られ、次々と新粒子が発見されました。そこで、究極の粒子に関するモデルが多数提唱されました。坂田昌一は、ラムダ粒子と陽子、中性子の3つを基本粒子とする「坂田モデル」を唱えました。しかし、坂田モデルでは説明しきれない矛盾がわかり、ゲル-マンは、新たな3つの基本粒子「クォーク」モデルを考えました。同じ考えを同時期にイスラエルのゲオルク・ツヴァイク（1937年−）も持っています。

ゲル-マンは、坂田モデルの考えを継承しつつ、その問題点を解消しました。坂田モデルとクォークモデルの違いは、基本粒子を、すでにわかっているハドロン（p.164）より一段下がった低い階層で設定したことにあります。ハドロンが、

一段低い階層の基本粒子であるクォークの複合粒子と考えることによって、たくさんあるハドロンの特性、性質などがみごとに整理されました。また、ゲル-マンは、クォークが持つ量子数としてカラーチャージを提唱し、クォークから原子核を作る力、強い相互作用はカラーチャージの混ぜ合わせによって生成消滅するゲージ粒子の交換によって説明される量子色力学という分野が確立されました。

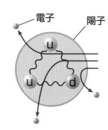

電子を光速度近くで陽子にぶつける。電子の軌道はu（アップクォーク）に引き寄せられたり、d（ダウンクォーク）に反発したりする

図1　電子でクォークを探す概念図

クォークの種類　それぞれ反粒子（反物質）を持つ

記号	粒子名	質量	電荷	スピン	寿命
d	ダウンクォーク	4.8 MeV/c²	−1/3	1/2	自然界には単独では存在しない。2個ないし3個結合してハドロンとして存在する。
u	アップクォーク	2.3 MeV/c²	+2/3	1/2	
s	ストレンジクォーク	95 MeV/c²	−1/3	1/2	
c	チャームクォーク	1.275GeV/c²	+2/3	1/2	
b	ボトムクォーク	4.18GeV/c²	−1/3	1/2	
t	トップクォーク	173.07 GeV/c²	+2/3	1/2	

※理化学研究所ホームページより　※1MeV/c²=1.78×10⁻³⁰kg
　　　　　　　　　　　　　　　　　1GeV/c²=[1MeV/c²]×10³

3種類から6種類へ

クォークはアップクォークとダウンクォークとストレンジクォーク、そしてそれぞれの反粒子があります。例えば陽子は2個のアップクォークと1個のダウンクォーク、中性子は1個のアップクォークと2個のダウンクォークからできていることはp.161で紹介しています。

現在では、クォークの種類は、アップ、ダウン、ストレンジに加え、チャーム、ボトム、トップ、合わせて6種類と考えられています。

Λ粒子
（アップクォークと
ダウンクォークと
ストレンジクォーク）　電荷は＋1

π⁺中間子
（アップクォークと
ダウンクォークの
反粒子）　電荷は0

図2　Λ粒子やπ⁺中間子の構造

《《　波及効果　》》

ゲルマンのクォークモデルによって、素粒子はp.164の表にあるようにスッキリまとまり、また素粒子物理学は大きく進展することとなり、現在では「標準理論」という考え方が確立されました。しかし、まだまだ課題は山積みで、さらなる研究が進められています。

また、1980年代後半からゲルマンは「複雑系」に関心を寄せるようになり、その研究の拠点サンタフェ研究所の設立に貢献しました。複雑系は、近年注目が高まっている研究分野で、力学系から生物学、経済学に至るまで多方面にわたり、気象現象など私たちの実生活にも関わるところがあるので、その発展が大いに期待されています。

FINNEGANS WAKE

by
James Joyce

London
Faber and Faber Limited

ジェイムズ・ジョイスの『フェネガンズ・ウェイク』の表紙

こぼれ話

クォークの由来は『フェネガンズ・ウェイク』

「クォーク」は、アイルランド人の前衛文学の作家ジェイムズ・ジョイスの『フェネガンズ・ウェイク』の一節 "Three quarks for Muster Mark"「マスター・マークに3つのクォークを」に由来するそうです。ここの「クォーク」は、カモメの鳴き声であるとともに、quarts ＝ 1杯の酒という言葉にかけています。

つまり、「マークの旦那に酒を3杯」というところを、飲んでも何にもならない、というよりは飲むことなどできないカモメの鳴き声にして「マークの旦那にくわぁ（クォーク）を3杯」と書いているのです。

ゲルマンは、3つの基本粒子を考えていたので、3つにちなんでその基本粒子を「クォーク」と名付けました。

この一節からも十分わかるように、「フェネガンズ・ウェイク」は、素粒子の理論に匹敵するくらい難解な前衛文学として有名ですから、基本粒子の名にふさわしいと言えるでしょう。

素粒子研究の大型施設を知っておこう

まさしく天から降ってくる宇宙線の中の素粒子を観測するためのカミオカンデや、粒子を加速して他の粒子にぶつけて壊し素粒子を見つける加速器など、素粒子の研究には、大型の研究施設が欠かせません。

基本粒子

　基本粒子は、物質を作る物質粒子と、力を媒介するゲージ粒子があります。ゲージ粒子は力を媒介する粒子です。基本粒子は内部に構造を持たないと考えられています。

　物質粒子はそれぞれの粒子の性質によって、次の表のように3つの世代に分類されています。

　重力の担い手グラビトンはまだ確認されていません。質量の担い手ヒッグス粒子も研究が進められています。

ハドロン（複合粒子）…クォークの複合体

　ハドロンは長らく内部に構造を持たない基本的な粒子であるとされてきましたが、今日では、これまでに触れたようにクォークからできていると考えられています。ハドロンには陽子、中性子（p.161）、Λ（ラムダ）粒子、π中間子（p.163）があります。

宇宙線の中の素粒子

　宇宙線とは、宇宙空間を飛び回る極々小さい粒子の総称です。1次宇宙線は地球大気の外から入ってくるものです。1次宇宙線が大気に衝突して生じる粒子が2次宇宙線で、下の図では様々に枝分かれしたように描かれています。

物質粒子

		第1世代	第2世代	第3世代
クォーク		u アップ (u)	c チャーム (c)	t トップ (t)
		d ダウン (d)	s ストレンジ (s)	b ボトム (b)
レプトン		e 電子	μ ミューオン	τ タウオン
		v_e 電子ニュートリノ	v_μ ミューオン・ニュートリノ	v_τ タウ・ニュートリノ

力を媒介するゲージ粒子

強い力（核力）	グルーオン
電磁気力	光子
弱い力	Wボソン　Zボソン

ヒッグス粒子

ヒッグス粒子

※弱い力は素粒子どうしを結びつけている

π^+, π^-, π^0：π中間子

μ^+, μ^-：ミューオン

v_μ：ミューオン・ニュートリノ

e^+：陽電子
e^-：電子

宇宙線の中にある素粒子の概観

カミオカンデ

1983年、太陽からの<u>ニュートリノ</u>を観測することを主な目的として、岐阜県神岡町（当時）の神岡鉱山の地下に**カミオカンデ**と名付けられた実験装置が設置されました。タンクに3000トンの純水を溜めて、ニュートリノが通過することで発する光を1000本の高感度の光電子増倍管でとらえるという仕組みです。

1987年には、小柴昌俊らがこの装置で、大マゼラン星雲で起きた超新星爆発によって地球に飛来したニュートリノを観測することに成功しました。

その後改良されたスーパーカミオカンデでは、1998年に梶田隆章らが、大気中で発生したニュートリノの観測からニュートリノが質量を持つ証拠となるニュートリノ振動を発見し、1999年にそれを検証しました。

これらの功績により、小柴は2002年、梶田は2015年にノーベル賞を受賞しています。

びっしりと並んだ光センサーが金色に輝く、スーパーカミオカンデの内部。朝日新聞社提供

高エネルギー加速器研究機構

目的とする素粒子が天から降ってくるのを待っていても、偶然に頼ることになり、時間がかかりすぎる上に得られるデータも多くありません。そこで、人工的に素粒子を作り出す装置である加速器が考え出されました。電子や陽子など電気を持つ粒子に電圧をかけて加速し、高速で他の粒子に衝突させ、様々な素粒子を作り出すという仕組みです。

電子や陽子を高速にするには何億Vという高電圧が必要です。そのために、磁石を使って電子や陽子の進路を曲げて円運動をさせて、1周するたびに電圧を加えて少しずつ加速するという方法が考え出されました。

しかし、粒子が高速になると相対論により質量が増して、進路が曲げにくくなります。また、電気を持った粒子が高速で円運動をすると電磁波を出してエネルギーを失ってしまいます。したがって、なるべく直線に近い運動をさせるために、円運動の半径を大きくする必要があります。という訳で加速器の半径は町1個分になるほど大きくなり、スイス、ジュネーブに設置された加速器は全周27kmで山手線の全周34.5kmよりも少し小さいくらいです。

1997年に設立された、茨城県つくば市にある高エネルギー加速器研究機構では、B中間子と呼ばれる新素粒子を大量に生成できる加速器「Bファクトリー」によって、2003年三田一郎らがB中間子の**CP対称性の破れ**を発見しました。CP対称性の破れとは、素粒子が崩壊する時に粒子と反粒子の数に違いが生じるということです。

1973年、小林誠と益川敏英はそれまで3種類とされていたクォークについて、「もしクォークが6種類存在すれば、CP対称性の破れは既存の理論を何も改造しなくても、自然と導かれる」とし、今日「小林・益川理論」と呼ばれる考えを発表していました。BファクトリーのCP対称性の発見で「小林・益川理論」は実証され、2人は2008年ノーベル賞を受賞しました。また、高エネルギー加速器研究機構の加速器から神岡に向けてニュートリノを発射して、スーパーカミオカンデでキャッチする実験によってニュートリノ振動が検証されたのです。

小林誠と益川敏英のノーベル賞受賞に大きく貢献した測定器「ベル」の後身「ベルⅡ」設置準備の様子（2017年）。朝日新聞社提供

日本人科学者の活躍・湯川秀樹と坂田昌一

中間子発見で湯川がノーベル賞受賞、敗戦後の日本に大きな喜び

日本人で初めてのノーベル物理学賞受賞者は、素粒子のひとつである中間子の存在を提唱した湯川秀樹（1907-1981年）でした。湯川は、地質学者の家に生まれ、京都大学理学部物理学科を卒業後、大阪大学に職を得ました。湯川は、原子核の中に陽子や中性子を閉じ込めている力の正体を追究した結果、その力の仲立ちをする新粒子の存在を予言して、1935年「素粒子の相互作用について」を発表しました。

来日したボーアには「あなたは新粒子が好きですね」と皮肉を言われましたが、1937年、湯川の予言した粒子とほぼ同じ質量の粒子が宇宙線の中から発見され、湯川の理論は一躍注目を浴びることになりました。

その後、その粒子はミューオンという別の粒子であることがわかりましたが、1947年には宇宙線の中から湯川の予言通りのπ中間子が発見されました。

1949年の湯川のノーベル賞受賞は、敗戦国であった日本に大きな喜びをもたらし、優秀な物理学者はこぞって素粒子を研究して、導入でお話ししましたように大きな成果をあげました。

スウェーデンのグスタフ・アドルフ皇太子（当時）からノーベル物理学賞を受ける湯川秀樹（右）。1949年12月10日、ストックホルムにて。朝日新聞社提供

「日本の素粒子研究に最も貢献」

坂田昌一（1911-1970年）は東京で生まれ、京都大学卒業後は理化学研究所で朝永振一郎の指導を受けました。その後、大阪大学の助手に着任し、湯川の中間子論に関する論文の共著者となっています。

名古屋大学の教授となり、湯川が考えた核力の起源となる中間子と、当初に宇宙線で見つかった中間子は別の粒子であるとする「二中間子論」を提唱しました。その正しさは左記の通りです。

また、朝永の「くりこみ理論」のヒントとなった場の理論を構築しました。

坂田のひときわ大きな功績は坂田モデルです。ゲル-マンと2人の日本人が提唱した「中野－西島－ゲル-マンの法則」から、坂田は、ハドロン（p.164）が3つの基本粒子（陽子、中性子、Λ粒子）及びこれらの反粒子からなる複合粒子であるという坂田モデルを提唱しました。そして、ハドロンが「中野－西島－ゲル-マンの法則」にしたがっているのは、ハドロンを構成する基本粒子がその法則にしたがっているためであると考えたのです。坂田モデルがクォークモデルのもととなったのはp.162の通りです。

坂田は武谷三男（1911-2000年）の「三段階論」を評価し、唯物論をより所とした独特な研究方法をとりました。具体的には「形の論理」の背後には「物」と称される実体が存在すると考え、「物の論理」を追究しました。坂田モデルはそのような研究姿勢から生まれたものです。「中野－西島－ゲル－マンの法則」という「形」の背後にハドロンを構成する基本粒子という「物」が存在すると考えたのです。

小林、益川とともにノーベル賞を受賞した南部陽一郎は自分を坂田武谷哲学の信徒であるとその著書で述べています。

前400年頃	デモクリトス（前460頃−前370年） 原子の考えを提唱
前100年頃	ルクレティウス（前95頃−前55年）『物質の本質について』

1803年	ジョン・ドルトン（1766−1844年） 原子説
1827年	ロバート・ブラウン（1773−1858年） ブラウン運動の発見
1860年	ジェイムズ・クラーク・マクスウェル（1831−1879年） 気体の分子運動論
1876年	オイゲン・ゴルトシュタイン（1850−1930年） 真空放電で発生するものを陰極線と命名
1885年	ヨハン・ヤコブ・バルマー（1825−1898年） 水素スペクトルのバルマー系列発見
1895年	ヴィルヘルム・コンラート・レントゲン（1845−1923年） X線の発見
1896年	アントワーヌ・アンリ・ベクレル（1852−1908年） ウラン鉱から放射線発見
1897年	J.J.トムソン（1856−1940年） 電子の存在を確認
1898年	ピエール（1859−1906年）、マリー（1867−1934年）・キュリー夫妻 ラジウム、ポロニウム 自然放射線を発見
1859年	グスタフ・ロベルト・キルヒホッフ（1824−1887年） 黒体放射
1900年	**マックス・カール・エルンスト・ルートヴィヒ・プランク**（1858−1947年） 量子仮説
1904年	長岡半太郎（1865−1950年） 原子の土星モデルを提唱
1905年	アルベルト・アインシュタイン（1879−1955年） 特殊相対性理論、分子運動論、光量子仮説の3つの論文を発表
1908年	ジャン・バティスト・ペラン（1870−1942年） アインシュタインの分子運動の考えを実験で確認
1911年	アーネスト・ラザフォード（1871−1937年） 原子核の存在を確認
1913年	**ニールス・ヘンドリック・ダヴィド・ボーア**（1885−1962年） ボーアモデル
1923年	ド・ブロイ（1892−1987年） 物質波の概念を導入
1923年	アーサー・ホリー・コンプトン（1892−1962年） コンプトン効果の発見
1924年	ウォルフガング・パウリ（1900−1958年） 排他原理を提唱
1925年	ヴェルナー・カール・ハイゼンベルク（1901−1976年） 行列力学によりボーアモデルを説明
1926年	**エルヴィン・シュレーディンガー**（1887−1961年） 波動方程式によりボーアモデルを説明
1927年	ヴェルナー・カール・ハイゼンベルク 不確定性原理を提唱
1928年	**ポール・エイドリアン・モーリス・ディラック**（1902−1984年） 反粒子の存在を提唱
1932年	ヴェルナー・カール・ハイゼンベルク 素粒子のスピンを提唱
1932年	ジェイムズ・チャドウィック（1891−1974年） 中性子発見
1932年	カール・デヴィット・アンダーソン（1905−1991年） 陽電子発見
1933年	**エンリーコ・フェルミ**（1901−1954年） ニュートリノの提唱
1934年	湯川秀樹（1907−1981年） 中間子概念の導入
1948年	朝永振一郎（1906−1979年）、シュウィンガー（1918−1994年）、リチャード・フィリップス・ファインマン（1918−1988年） くりこみ理論
1964年	**マレー・ゲル-マン**（1929−2019年） クォークの提唱

過去から学び、今日のために生き、未来に対して希望を持つ。大切なことは、何も疑問を持たない状態に陥らないことです。

—— アルベルト・アインシュタイン

(1879–1955年)

世界中のどんな権力でも奪い取れない最高の美徳、何にも増して永遠の喜びを与えてくれるもの、それは魂の高潔さだ。

—— マックス・プランク

(1858–1947年)

科学がすべてであると思っている人は、科学者として未熟である。

—— 湯川秀樹

(1907–1981年)

参考文献・ウェブサイト一覧

全体に関わるもの

『人物でよむ物理法則の事典』米沢富美子総編集（朝倉書店、2015年）

『現代科学思想事典』伊東俊太郎　編（講談社現代新書、1971年）

『科学史技術史事典』伊東俊太郎他　編（弘文堂、1983年）

『近代科学の誕生　上・下』ハーバート・バターフィールド　著　渡辺正雄　訳（講談社学術文庫、1978年）

『中世から近代への科学史　上・下』A.C.クロムビー　著　渡辺正雄　青木靖三　共訳（コロナ社、1962年）

『初期ギリシア科学―タレスからアリストテレスまで』G.E.R.ロイド　著　山野耕治・山口義久　訳（法政大学出版局、1994年）

『科学の誕生　下　ソクラテス以前のギリシア』アンドレ・ピショ　著　中村清　訳（せりか書房、1995年）　『近代科学の源流』伊東俊太郎　著（中央公論自然選書、1978年）

『近代科学の源流　物理学篇（I, II, III）』大野陽朗　監修（北海道大学出版会、1977年）

『科学の歴史　上―科学思想の主なる流れ』S.メイスン　著　矢島祐利　訳（岩波書店、1955年）

『近代科学の歩み』J.リンゼー編　菅井準一　訳（岩波新書、1956年）

『科学者人名事典』科学者人名事典編集委員会　編（丸善、1997年）

『プロジェクト物理1　運動の概念』渡辺正雄・石川孝夫・笠耐　監修　（コロナ社、1977年）

『プロジェクト物理4　光と電磁気』渡辺正雄・石川孝夫・笠耐　監修　（コロナ社、1982年）

『プロジェクト物理5　原子のモデル』渡辺正雄・笠耐　監修（コロナ社、1985年）

『プロジェクト物理6　原子核』渡辺正雄・笠耐　監修（コロナ社、1985年）

http://www.kanazawa-it.ac.jp/dawn/main.html　金沢工業大学ライブラリーセンター　選総合索引―世界を変えた書物「工学の曙文庫」所蔵110選―

| 1章　力学その1（運動）　〈アリストテレス／ガリレオ／デカルト〉 |
| 2章　大気圧と真空　〈トリチェリ／パスカル／ゲーリケ〉 |
| 3章　力学その2（万有引力）　〈フック／ニュートン／キャヴェンディッシュ〉 |

『新訳　ダンネマン大自然科学史　第5巻』フリードリヒ・ダンネマン　著　安田徳太郎　訳（三省堂、1978年）

『世界の名著8　アリストテレス』田中美知太郎　責任編集（中央公論社、1972年）

『世界の名著21　ガリレオ』豊田利幸　責任編集（中央公論社、1973年）

『世界の名著22　デカルト』野田又夫　責任編集（中央公論社、1967年）

『世界の名著24　パスカル』前田陽一　責任編集（中央公論社、1966年）

『世界の名著31　ニュートン』河辺六男　責任編集（中央公論社、1979年）

『ガリレオ・ガリレイ』青木靖三　著（岩波新書、1965年）

『ニュートン』島尾永康　著（岩波新書、1979年）

『磁石と重力の発見1〜3』山本義隆　著（みすず書房、2003年）

『フォイエルバッハ全集　第5巻　近世哲学史　上』L.A.フォイエルバッハ　著　船山信一　訳（福村出

版、1975年）

『科学思想の歴史―ガリレオからアインシュタインまで』チャールズ・クールストン・ギリスピー　著
島尾永康　訳（みすず書房、1971年）

『キャベンディシュの生涯―業績だけを残した謎の科学者』P・レピーヌ、J・ニコル　著　小出昭一郎　訳
（東京図書、1978年）

"Experimenta Nova (ut vocantur) Magdeburgica de Vacuo Spatio" Ottonis de Guericke 著 Amsteldami
(Amsterdam) 1672年

『オットー・フォン・ゲーリケの研究課程とその特徴　―ロバート・ボイルとの比較―』松野修　著（鹿児
島大学生涯学習教育研究センター年報　巻5　p.1-11）

『ゲーリケとボイルが制作した空気ポンプの構造―及び日本におけるゲーリケのポンプの複製―』松野
修・吉川辰司・上園志織　著（鹿児島大学生涯学習教育研究センター年報　巻6　p.1-16）

『ボイルの真空実験からホークスビーの公開科学講座へ―1700年代における教育方法の改革―』松野修
著（愛知県立芸術大学紀要　No.47　2017年）

『異貌の科学者』小山慶太　著（丸善、1991年）

『樹高成長の制限とそのメカニズム　Journal of the Japanese Forestry Society（日本林学会誌）90(6)　総
説420～430』鍋嶋絵里、石井弘明　著（2008年）

『ワンダー・ラボラトリシリーズ　粒でできた世界』結城千代子・田中幸　著（太郎次郎社エディタス、
2014年）

『ワンダー・ラボラトリシリーズ　空気は踊る』結城千代子・田中幸　著（太郎次郎社エディタス、2014
年）

『ワンダー・ラボラトリシリーズ　摩擦のしわざ』田中幸・結城千代子　著（太郎次郎社エディタス、2015
年）

Clotfelter, B. E. (1987). "The Cavendish experiment as Cavendish knew it" American Journal of Physics
55: 210 - 213. http://doi.org/10.1119/1.15214.

Cavendish, Henry (1798), "Experiments to Determine the Density of the Earth", in MacKenzie, A. S.,
Scientific Memoirs Vol.9 : The Laws of Gravitation, American Book Co., 1900, pp. 59 - 105
http://fnorio.com/0006Chavendish/Chavendish.htm

4章　温度　〈トスカーナ大公フェルディナンド2世／セルシウス／ケルヴィン卿〉
5章　熱力学　〈ワット／カルノー／ジュール〉

『新訳　ダンネマン大自然科学史　第6巻』フリードリヒ・ダンネマン　著　安田徳太郎　訳（三省堂、
1978年）

『実験科学の精神』高田誠二　著（培風館、1987年）

『異貌の科学者』小山慶太　著（丸善、1991年）

『江戸科学古典叢書31　紅毛雑話・蘭畹摘芳』菊池俊彦　解説（恒和出版、1980年）

『温度概念と温度計の歴史』高田誠二　著（熱測定学会誌　Netsu Sokutei 32(4) 162-168　2005年）

『日本農書全集　第35巻「蚕当計秘訣」』中村善右衛門　著　松村敏　翻訳・現代語訳（農山漁村文化協
会、1981年）

『近世養蚕業発達史』庄司吉之助　著（御茶の水書房、1978 年）

『教育と文化シリーズ 第 2 巻「探究のあしあと ―霧の中の先駆者たち・日本人科学者―」』結城千代子・田中幸　著（東京書籍、2005 年）

『熱学思想の史的展開 1～3』山本義隆　著（ちくま学芸文庫、2008-2009 年）

https://klchem.co.jp/blog/2010/12/post-1366.php

http://ocw.kyoto-u.ac.jp/ja/general-education-jp/introduction-to-statistical-physics/html/kelvin.html

（京都大学オープンコースウェア 2018 年度シラバス集「ケルビンの『19 世紀物理学の二つの暗雲』をめぐる誤解」）

6章　光その1（波としての探究）〈ニュートン／ホイヘンス／ヤング〉
7章　音　〈フーリエ／ドップラー／マッハ〉

『話題源　物理』伊平保夫　編集代表（とうほう、1977 年）

『物理のコンセプト　電気と光』ポール・G. ヒューエット　著　小出昭一郎　監修　黒星螢一・吉田義久　訳（共立出版、1986 年）

『少年少女世界のノンフィクション① 宇宙飛行70万キロ／超音速にいどむ』チトフ、イーガー　著、福島正実　訳（偕成社、1964 年）

spaceinfo.jaxa.jp/ja/christian_doppler.html

8章　磁気と電気　〈ギルバート／クーロン／ガウス〉
9章　電流　〈ボルタ／アンペール／オーム〉
10章　電磁波　〈ファラデー／マクスウェル／ヘルツ〉

『エレクトロニクスを中心とした年代別科学技術史　第 5 版』城阪俊吉　著（日刊工業新聞社、2001 年）

『新訳　ダンネマン大自然科学史第 7 巻、第 9 巻』フリードリヒ・ダンネマン　著　安田徳太郎　訳（三省堂、1978-1979 年）

『磁石と重力の発見 1～3』山本義隆　著（みすず書房、2003 年）

『ヘーゲル全集 2a 自然哲学　上』ヘーゲル著　加藤尚武　訳（岩波書店、1998 年）

『科学史の諸断面―力学及び電磁気学の形成史』菅井準一　著（岩波書店、1950 年）

『ファラデー 王立研究所と孤独な科学者』島尾永康　著（岩波書店、2000 年）

『ファラデーの生涯』スーチン著　小出昭一郎、田村保子　訳（東京図書、1985 年）

『世界の名著 65　現代の科学 I』湯川秀樹、井上健　責任編集（中央公論社、1973 年）

『ファラデーとマクスウェル』後藤憲一　著（清水書院、1993 年）

『マクスウェルの生涯―電気文明の扉を開いた天才』カルツェフ　著　早川光雄・金田一真澄　訳（東京図書、1976 年）

『熱学思想の史的展開 1～3』山本義隆　著（ちくま学芸文庫、2008-2009 年）

『Ørsted og Andersen og guldalderens naturfilosofi』Knud Bjarne Gjesing 著　KVANT, December 2013 - www.kvant.dk　p.18-21

『インヴィジブル・ウェポン―電信と情報の世界史1851-1945』D・R・ヘッドリク　著　横井勝彦・渡辺

昭一　監訳　(日本経済評論社、2013年)

https://www.sciencephoto.com/media/765120/view/gilbert-on-magnetism-1600

http://wdc.kugi.kyoto-u.ac.jp/stern-j/demagrev_j.htm

https://www.researchgate.net/publication/262995907_Carl_Friedrich_Gauss_-_General_Theory_of_Terrestrial_Magnetism_-_a_revised_translation_of_the_German_text

https://books.google.co.jp/books/about/Luftskibet_et_Digt.html?id=b3YWnQEACAAJ&redir_esc=y

https://padlet.com/lbo4/xleblf4srwso

https://www.miyajima-soy.co.jp/archives/column/kyoka26

11章　原子の構造	〈J.J.トムソン／長岡半太郎／ラザフォード〉
12章　放射線	〈レントゲン／ベクレル／マリー・キュリー〉
13章　光その2(波と粒子の二重性)	〈アインシュタイン／コンプトン／ド・ブロイ〉
14章　量子力学	〈プランク／ボーア／シュレーディンガー〉
15章　素粒子	〈ディラック／フェルミ／ゲル-マン〉

『物理学天才列伝　上・下』ウィリアム・H・クロッパー　著　水谷淳　訳（講談社、2009年）

『科学者はなぜ神を信じるのか』三田一郎　著（講談社、2018年）

『クォーク　素粒子物理はどこまで進んできたか』南部陽一郎　著（講談社ブルーバックス、1998年）

『光と物質のふしぎな理論　私の量子電磁力学』R.P.ファインマン　著　釜江常好、大貫昌子　訳（岩波現代文庫、2007年）

『失われた反世界　素粒子物理学で探る　第16回「大学と科学」公開シンポジウム講演収録集』三田一郎　編（クバプロ、2002年）

『発明発見物語全集4　原子・分子の発明発見物語』板倉聖宣　編（国土社、1983年）

『現代の科学21　J.J.トムソン　電子の発見者』ジョージ・P・トムソン　著　伏見康治　訳（河出書房新社、1969年）

『長岡半太郎伝』藤岡由夫　監修　板倉聖宣、木村東作、八木江里　著（朝日新聞社、1973年）

『ビッグ・クエスチョン』スティーヴン・ホーキング　著、青木薫　訳（NHK出版、2019年）

『科学の歴史』島尾永康　編著（創元社、1978年）

歴史を作った科学者の名言

『時代を変えた科学者の名言』藤嶋昭　著（東京書籍、2011年）

『物理学天才列伝　上・下』ウィリアム・H・クロッパー　著　水谷淳　訳（講談社、2009年）

索引

〈監修者〉

藤嶋　昭（ふじしま・あきら）

1942年、東京都生まれ。東京理科大学栄誉教授。工学博士。東京大学大学院博士課程修了。67年に酸化チタンを使った「光触媒反応」を世界で初めて発見し、化学界で「ホンダ・フジシマ効果」として知られる。78年から東京大学工学部助教授、教授などを経て、2003年に東京大学名誉教授、05年に東京大学特別栄誉教授。10年から東京理科大学学長を経て、18年に東京理科大学栄誉教授。10年に文化功労者、17年に文化勲章を受章。主な著書に『教えて！ 藤嶋昭先生　科学のギモン』（朝日学生新聞社）、『科学者と中国古典 名言集』（同）など。

〈著者〉

田中　幸（たなか・みゆき）

岐阜県生まれ。晃華学園中学校高等学校教員。上智大学理工学部物理学科卒業後、企業で発電所設計に携わる。慶應義塾高校、都立日比谷高校、西高校などの物理講師を経て、晃華学園中学校高等学校で教員を務める。日本物理教育学会、物理教育研究会（APEJ）会員。東京書籍中学理科教科書執筆委員。NHK高校講座物理基礎制作協力。

結城　千代子（ゆうき・ちよこ）

東京都生まれ。上智大学理工学部非常勤講師。国際基督教大学大学院理科教育法修士課程修了。筑波大学大学院バイオシステム研究科中退。中学高校、埼玉大学、昭和大学他の物理講師を経て、現在、上智大学非常勤講師。晃華学園マリアの園幼稚園長も務めた。東京書籍中学理科、小学校理科、小学校生活科教科書執筆委員。元NHK高校講座物理基礎講師。著書に、プロジェクトサイエンスシリーズ『ホット・ホッター＆ホットネス』（コロナ社）など。

2人の共著に、『新しい科学の話（全6巻）』（東京書籍）、『探究のあしあと―霧の中の先駆者たち　日本人科学者』（東京書籍）、ワンダー・ラボラトリシリーズ『粒でできた世界』（太郎次郎社エディタス）、『くっつくふしぎ』（福音館書店）などがある。

人物でよみとく物理

2020年5月30日　第1刷発行

監修	藤嶋 昭
著	田中 幸、結城 千代子
編集委員会	藤嶋 昭、田中 幸、結城 千代子、井上 晴夫、菱沼 光代
	伊藤 真紀子、角田 勝則
イラスト	舟田 裕、松澤 康行、佐竹 政紀
写真	Alamy、iStock、PIXTA、その他は本文中に記載
発行元	朝日学生新聞社
発売元	朝日新聞出版
	〒104-8011　東京都中央区築地5-3-2
	電話　03-3545-5436（朝日学生新聞社出版部）
	03-5540-7793（朝日新聞出版販売部）
印刷所	シナノパブリッシングプレス